观赏竹芋栽培技术与应用

张晓磊 著

郑州大学出版社

图书在版编目(CIP)数据

观赏竹芋栽培技术与应用 / 张晓磊著. -- 郑州：郑州大学出版社，2025.3. -- ISBN 978-7-5773-0794-7

Ⅰ.S682.1

中国国家版本馆 CIP 数据核字第 20244XA225 号

观赏竹芋栽培技术与应用
GUANSHANG ZHUYU ZAIPEI JISHU YU YINGYONG

策划编辑	李同奎	封面设计	苏永生
责任编辑	李同奎	版式设计	苏永生
责任校对	董 强	责任监制	朱亚君

出版发行	郑州大学出版社	地　　址	河南省郑州市高新技术开发区
出 版 人	卢纪富		长椿路11号(450001)
经　　销	全国新华书店	网　　址	http://www.zzup.cn
印　　刷	郑州宁昌印务有限公司	发行电话	0371-66966070
开　　本	710 mm×1 010 mm　1 / 16		
印　　张	9	字　　数	115 千字
版　　次	2025 年 3 月第 1 版	印　　次	2025 年 3 月第 1 次印刷
书　　号	ISBN 978-7-5773-0794-7	定　　价	32.00 元

本书如有印装质量问题，请与本社联系调换。

编委名单

主　编　张晓磊

编　委　于　宏　王桂林　曹广信　杨　阳
　　　　　郭丽娟　朱景涛　陈宏磊　王　爽
　　　　　吴　磊　孙　曼　韩亚梅　司瑜韬
　　　　　李海峰　周亚运　范　晨　樊晓光
　　　　　冯志刚　王书伟

前言

竹芋为竹芋科竹芋属多年生草本植物,原产于南美洲巴西、哥伦比亚,北美洲哥斯达黎加等地的热带雨林,喜阴暗、湿润、温暖的环境。竹芋科植物最适宜栽植温度为 20~25 ℃,最低越冬温度为 10 ℃,个别品种在我国北方部分地区最低越冬温度能达到 5 ℃。竹芋叶片形态各异、姿态独特、色彩斑斓,终年生长,观赏周期较长,特别适宜作为室内观叶植物,具有巨大的开发应用价值。除此之外,我国华南地区的观赏竹芋已作为地被观赏植物运用在园林植物景观营造中。

自 2007 年以来,编者团队开始进行竹芋的新品种引进试种和评价工作,并针对竹芋在栽培过程中涉及的光、温、土、水、肥、气等多项因子开展科学研究,探索总结了竹芋科植物在郑州地区设施栽培环境条件下的系统技术集成,并通过多种形式(培训、观摩、媒体传播、设置应用展示厅等)进行了广泛的示范推广。经过十余年的努力,我们培育的产品和总结的技术在郑州地区产生的影响力不断增强,培育的盆栽竹芋分别荣获 2019 中国北京世界园艺博览会、2021 年第十届中国花卉博览会金奖。

为了将宝贵的实践经验和科研成果传承下去,促进我国的竹芋产业健康发展，满足广大消费者的需求，郑州市林业科技示范中心组织编写了《观赏竹芋栽培技术与应用》一书。

本书编写内容有概述、观赏竹芋的生物学特性、观赏竹芋的分类和品种、观赏竹芋的繁殖技术、观赏竹芋周年生产技术、竹芋的家庭种植、观赏竹芋的应用等。本书既有作者十多年从事竹芋研究和生产的成果，又总结了近年来国内外竹芋产业的最新研究成果，可为竹芋爱好者、生产和科研工作者提供一定的参考。

由于编者水平所限，书中存在不足之处，恳请广大读者不吝赐教，提出宝贵意见。

编 者

2024 年 9 月 30 日

目 录

第一章 概述 ·· 001
第一节 竹芋的产地和分布 ·· 002
第二节 竹芋的观赏性和栽培历史 ·· 004
第三节 竹芋产业发展现状与展望 ·· 006
一、竹芋文化 ·· 006
二、竹芋应用价值 ·· 007
三、竹芋产业现状及发展 ·· 008

第二章 观赏竹芋的生物学特性 ·· 010
第一节 竹芋形态特征 ·· 010
一、根 ·· 011
二、茎 ·· 011
三、叶 ·· 012
四、花 ·· 013
五、果实和种子 ··· 013
第二节 竹芋生理特性 ·· 014
一、睡眠运动 ·· 014
二、花柱运动 ·· 015
第三节 竹芋生长习性 ·· 016
第四节 环境条件对生长发育的影响 ·· 017
一、温度 ··· 017
二、相对湿度 ·· 018

1

三、光照 …… 018
四、土壤 …… 019
五、水肥 …… 019

第三章 观赏竹芋的分类与品种 …… 021

第一节 分类 …… 021
一、柊叶族 …… 021
二、竹芋族 …… 023

第二节 主要栽培品种 …… 025

第四章 观赏竹芋繁殖技术 …… 042

第一节 有性繁殖 …… 042
第二节 无性繁殖 …… 044

第五章 观赏竹芋周年生产技术 …… 056

第一节 种植场地与设施 …… 056
一、场地选择和布局 …… 056
二、种植设施 …… 058

第二节 盆栽基质栽培 …… 068
一、生产计划的制订 …… 068
二、品种及种苗选购 …… 068
三、基质、容器选择 …… 069
四、上盆 …… 071
五、苗期管理 …… 072

第三节 竹芋水培栽植技术 …… 083
一、水培竹芋的品种选择 …… 083
二、容器选择 …… 084
三、营养液的配置 …… 085
四、装瓶操作 …… 088
五、水培竹芋的固定 …… 089

　　　　六、日常管理 …………………………………………… 090

　　第四节　观赏竹芋产品分级及出圃 ………………………… 091

　　　　一、产品质量分级 ……………………………………… 091

　　　　二、包装和运输 ………………………………………… 092

第六章　竹芋的家庭种植 …………………………………… 096

　　第一节　竹芋的选购 ………………………………………… 096

　　　　一、竹芋的选购技巧 …………………………………… 096

　　　　二、选购注意事项 ……………………………………… 097

　　第二节　居家竹芋养护 ……………………………………… 098

　　　　一、观赏竹芋居家驯化方法 …………………………… 098

　　　　二、家庭养护要点 ……………………………………… 099

　　　　三、开花期管理 ………………………………………… 103

　　　　四、修剪 ………………………………………………… 104

　　第三节　家庭种植竹芋常见问题 …………………………… 104

　　　　一、居家环境中如何确定光照强度是否合适？ ……… 104

　　　　二、种植过程中出现黄叶怎么办？ …………………… 105

　　　　三、竹芋能顺利过冬吗？ ……………………………… 106

　　　　四、竹芋对水质有什么要求？ ………………………… 106

　　　　五、竹芋开花了怎么办？ ……………………………… 107

　　　　六、家里哪些东西可以做肥料，怎么施肥？ ………… 108

　　　　七、买回来的竹芋为什么几天就萎蔫了？ …………… 110

　　　　八、竹芋买回来后什么时候可以换盆？ ……………… 111

　　　　九、盆器的选择可以直接用大盆吗？ ………………… 113

　　　　十、真假水培怎么识别？ ……………………………… 113

第七章　观赏竹芋的应用 …………………………………… 116

　　第一节　室内绿化装饰应用 ………………………………… 118

　　　　一、室内绿化装饰的功能 ……………………………… 118

二、室内绿化装饰的配置原则及方法 …………………………………… 119
　　三、室内绿化装饰的应用类型 …………………………………………… 122
　第二节　园林景观的应用 …………………………………………………… 125
　　一、园林景观应用的配置原则 …………………………………………… 126
　　二、配置设计的方式 ……………………………………………………… 127
　　三、园林景观应用的类型 ………………………………………………… 128

主要参考文献 …………………………………………………………………… 130

第一章 概 述

观赏竹芋,是竹芋科中观赏价值极高的常绿植物的总称。

竹芋科(Marantaceae)又称柊叶科,单子叶植物纲、姜亚纲、姜目下的一科,为多年生草本观叶植物。竹芋的名称来源于16世纪意大利学者巴托罗密欧·马兰塔(Bartolomeo Maranta),原产于南美洲,主要分布于热带美洲,明朝时期传入我国[1]。它的叶子形状独特,酷似竹子,因此得名竹芋。

竹芋喜温暖湿润的半阴环境,种类繁多,各品种的姿态也有着较大的差异。大多数种类具花,但不鲜艳,许多种类的叶片具有十分醒目而美丽的斑纹,因此常作为观叶植物。目前,观赏竹芋的周年生产技术已经成熟,除温室栽培外,水培栽植技术也在不断发展中,能从多方面满足家庭种植的需要。此外,由于其形态优美,具有很高的观赏价值,在庭院绿化中也多有观赏竹芋的身影。

第一节 竹芋的产地和分布

竹芋科(Marantaceae)地理分布中心为热带地区,主产地为美洲,其次为西非及印度、马来半岛(见图1-1)。

图1-1 竹芋的产地和分布

热带美洲分布的主要有竹芋科最大的属肖竹芋属(*Calathea*)及竹芋属(*Maranta*)、冠花芋属(*Ctenanthe*)、单瓣花属(*Monostagma*)和再力花属(*Thalia*)等,肖竹芋属和再力花属同时在热带非洲也有分布;柊叶属(*Phrynium*)见于印度,马来半岛、热带非洲及我国南方及西南地区;瘦冠花属(*Ischnosiphon*)产于热带南美洲、西印度群岛;单种属多分布于不同的岛屿,如纤芋属(*Afrocalathea*)、怪果芋属(*Thaumatococcus*)产于热带西非洲,驼背柊叶属(*Hybophrynium*)分布在喀麦隆,可明斯属(*Cominsia*)产于新几内亚岛、摩鹿加群岛、所罗门群岛,竹芋草属(*Marantochola*)产留尼汪岛,冠柊叶属(*Ctenophrynium*)产于马达加斯加岛,单叶花属

(*Monophyllanthe*)产圭亚那[2]。

肉柊叶属(*Sarcophrynium*) 12 种 热带西非洲

怪果芋属(*Thaumatococcus*) 1 种 热带西非洲

姜麻属(*Clinogyne*) 20 种 热带非洲,印度,马来半岛

竹叶蕉属(*Donax*) 6 种 印度,马来半岛,中国

驼背柊叶属(*Hybophrynium*) 1 种 喀麦隆

糙蛙叶属(*Trachyphrynium*) 6 种 热带非洲

穗花柊叶属(*Stachyphrynium*) 14 种 印度,马来半岛,中国

海洛皮属(*Halopegia*) 4 种 热带非洲

柊叶属(*Phrynium*) 30 种 印度,马来半岛,热带非洲,中国

纤芋属(*Afrocalathea*) 1 种 热带西非洲

可明斯属(*Comisia*) 1 种 摩鹿加群岛,新几内亚岛,所罗门群岛

竹芋草属(*Marantochola*) 1 种 留尼汪岛

单柊叶属(*Monophrynium*) 2 种 菲律宾群岛

冠柊叶属(*Ctenophrynium*) 1 种 马达加斯加岛

肖竹芋属(*Calathea*) 150 种 热带美洲,热带非洲

簇柊叶属(*Phacelophrynium*) 6 种 马来半岛

外罗斯马属(*Myrosma*) 8 种 中南美洲

冠花芋属(*Ctenanthe*) 12 种 热带美洲

单瓣花属(*Monotagma*) 8 种 热带美洲

单叶花属(*Monophyllanthe*) 1 种 圭亚那

瘦冠花属(*Ischnosiphon*) 30 种 热带南美洲,西印度群岛

多穗花属(*Pleiostachya*) 2 种 厄瓜多尔

竹芋属(*Maranta*) 30 种 热带美洲

撒润滋属(*Saranthe*) 8 种 巴西

垫花属（*Stromanthe*）8 种 热带美洲

再力花属（*Thalia*）7 种 热带美洲,热带非洲

中国原产的品种为竹叶蕉属（*Donax*）、柊叶属（*Phrynium*）和穗花柊叶属（*Stachyphrynium*）。竹叶蕉属（*Donax*）6 种,其中有 2 或 3 种分布于印度、马来半岛,我国台湾省有 1 种,云南西双版纳引种 1 种。柊叶属（*Phrynium*）共有约 30 种,产于亚洲及非洲的热带地区,有 5 种分布于我国南方及西南地区[3],其中云南有 3 种 1 变种。穗花柊叶属（*Stachyphrynium*）共 14 种,是一个相当典型的热带亚洲分布型的属,本属的分布中心是中南半岛至马来半岛一带,这里不但种类丰富(共 9 种),而且种群出现频率高。相反,愈是本属分布区的边远地域,种类愈少,出现频率愈低,我国仅有穗花柊叶属 1 种,见于西双版纳的勐腊,迄今为止只采到过一次标本。

第二节　竹芋的观赏性和栽培历史

观赏竹芋作为引进物种,有着悠久的栽培历史,其来源可以追溯到五百年前[1]。16 世纪,意大利的医生巴托罗密欧·马兰塔不肯满足于诊所的生活,进入比萨大学攻读哲学和医学博士学位。在求学时期,他追随著名的植物学家卢卡·吉尼（Luca Ghini）,向其系统地学习植物学知识,试图利用植物学知识找到更多的药用植物。在完成系统的学习后,马兰塔把医学和植物学融合在一起,并通过植物命名、物种识别和药理特性创建了植物药理学。

第一章　概述

　　马兰塔一生整理了大量植物资料,并对这些植物的药用价值进行了实验和研究,这些科学严谨的研究对现代植物学发展具有重要意义。为了感谢他的突出贡献,不少植物的名字都是由马兰塔的名字而来,竹芋也是其中之一。

　　竹芋最早发现于南美洲。20世纪70年代,考古学家在位于哥伦比亚的考卡河谷地区考察,那里环境怡人、土壤肥沃,在差不多一万年前,就已经发展出了相当先进的农业文明。考古学家在靠近波帕扬市的圣伊西德罗考古挖掘点,发现了一些制作精良的研磨工具上黏附的淀粉颗粒,进一步研究发现这些颗粒来自竹芋根部。根据碳十四定年法的测定,竹芋最早种植于一万年前,是定居南美洲的人类最早开始种植的食物。

　　在19世纪初期,竹芋的种植扩展到了原产地之外,目前主要产地是加勒比海的圣文森特和牙买加、巴西的岛屿,以及东南亚的菲律宾、南亚的印度等地。

　　竹芋是明朝引入中国的。中国人习惯性地把各种富含淀粉的植物,都叫作"芋"。从竹芋的名字来看,它来到中国的时候,主要的功能依然是食用。不过对于现代人来讲,吃可不是竹芋的最大用处。如今,吸引我们眼球的是观赏性更强、叶色更丰富的竹芋品种。

　　随着时代的发展和人民生活水平的不断提高,人们对室内环境的净化和提升也越来越重视。而在众多具有观赏价值的植物中,竹芋科植物凭借优美的叶型成为室内观赏植物中的佼佼者。多彩的叶色、丰富的品种、喜阴的脾性,又使得竹芋科植物适合在室内长时间生长和摆放,对其只需稍加管理即可。原产于热带雨林地区的竹芋科植物,叶色鲜艳亮丽,有着较大的单生叶片,羽状的叶脉纹络,膨大的关节连接起娇艳的叶片和开放的叶鞘,这个关节也被形象地称为叶枕。竹芋科植物来源于热带雨林气候地区,比较喜爱温暖、荫蔽且较湿润的环境,在寒冷的冬季,竹芋科植物自然就不能正常地生长,甚至出现枯萎。

观赏竹芋的叶型有披针形、椭圆形、卵圆形、近圆形等,叶型不一,色泽不一,具有不同的叶片形态,如箭羽竹芋,叶椭圆形或披针形,因叶面具沿中脉侧向排列的大小交替的卵形墨绿色斑块而具有观赏性,也因形似箭羽而得名;又如"油画"竹芋,叶片长椭圆形,它在2007年由一位马来西亚人发现其变异株,通过选种和稳定性状,形成了现在白色与绿色交融,叶面有如同打翻的调色盘一样的油画纹理,故名"油画竹芋"。除了叶型可供观赏之外,我国引进栽培的一众竹芋中,还有既可观叶又可观花的竹芋。如青莲竹芋,不仅叶片白绿相间,开花时花朵有多枚苞片组成的花序,形似荷花而具有观赏价值;还有金花竹芋,又名黄苞竹芋等,开花时每朵花的顶端着生一个花序,苞片枯黄色或金黄色,是竹芋科室内观赏植物中为数不多既能观花又能观叶的品种。

第三节　竹芋产业发展现状与展望

一、竹芋文化

观赏竹芋作为一种常见的观叶植物,在中国传统文化中具有丰富的文化内涵。

首先,它的叶片形状仿若竹子,这便与"竹"在中国文化中的象征意义相契合。竹子的品质为"千磨万击还坚劲,任尔东西南北风"的坚韧,在古代文化中亦有不屈不挠、长寿健康、富贵吉祥等寓意。同时,竹芋的"竹"形状意味着居室中若摆放有竹子,能够取得"竹报平安"的寓意,使居住者更加健康、平安。

其次,观赏竹芋的叶子上有明显的纹路,这也被解读为人生道路上必然会遇到的艰难险阻。观赏竹芋不仅可用来装点居室,还象征人们在困难面前勇往直前的可贵精神。而且观赏竹芋的叶片宽大,寓意着财源广进、事业兴旺;其叶色斑斓,具有吉祥、喜庆的寓意。

再次,在中国文化中,竹芋还象征着友谊和情谊。古代文人墨客常以竹芋为题材进行创作,以表达对友情的珍视和对美好事物的向往。

最后,竹芋还有吸收有害气体、净化空气、改善居住环境的作用。

二、竹芋应用价值

观赏竹芋的用途十分广泛,除了居室点缀之外,其大型品种还常用于宾馆、商场和大型酒店厅堂装饰(见图1-2)。同时观赏竹芋在南北方的用途也大有不同:南方地区多用于园林、林荫或路旁的绿化,而北方地区则在温室内栽培以供观赏[5]。

除了观赏价值,再说到吃的价值。在冬天竹芋还常用来制取淀粉(方法和红薯类似),以制作各种美食,如竹薯粉。因其粉质较大,人们多半喜欢蒸着吃,还有些人喜欢开水冲煮成糊吃,口感香美而不腻。既然是淀粉,当然也就能用于制作粉粿、饼干等糕点小吃,极具风味特色。另外,南方一些地区钟爱煲汤,竹芋自然也"难以幸免",在广东潮汕、湛江等地甚至还有"秋风起,啃竹薯"的说法[1]。

图1-2　竹芋室内观赏

三、竹芋产业现状及发展

竹芋因其独特的叶形和优雅的姿态而受到人们的喜爱,市场需求量不断增大,我国针对观赏竹芋的研究力度也不断加大。目前,观赏竹芋的消费市场主要分布在华北、东北、华中、西北地区,覆盖面很广。观赏竹芋一年四季均可销售,一些二三线城市对于竹芋的需求也是愈发高涨。不仅如此,观赏竹芋的市场消费也较为稳定,而且其品种丰富,叶形优美且多变,产品个性化较强,市场方面还是很有前景的。此外,组织培养技术以及现代栽培技术的应用有力地提高了观赏竹芋的生产规模,但是在新品种选育上我们与国外相比还存在很大差距,这要求我国相关研究人员必须加强对观赏竹芋种质资源的收集与创新,将传统的育种手段与现代的生物技术相结合,提高育种效率,选育出更多观赏价值高、具有自主知识产权的新品种。

第二章 观赏竹芋的生物学特性

竹芋科观叶植物原产于美国中北部的热带雨林,叶色绚丽、姿态优雅,深受人们喜爱,是比较流行的观赏植物。竹芋科植物主要有肖竹芋属、锦竹芋属、竹芋属和卧花竹芋属4大类[10]。从花朵上能很明显地区分出肖竹芋和竹芋;锦竹芋与肖竹芋很相似,但从它们的叶片上也能将其区分,肖竹芋通常有呈块茎的根,地上部分短,叶子较长、有漂亮的图案和颜色;卧花竹芋的叶片是彩色的;锦竹芋的叶片是绿色的。生产用的竹芋品种多为肖竹芋属和锦竹芋属。

第一节 竹芋形态特征

竹芋科植物属多年生草本,多具地下茎;叶单生,通常大,具羽状平行脉,全缘,具柄,柄的顶部增厚,称叶枕,有叶鞘;花两性,不对称,常成对生于苞片中,小且不鲜艳,多不具观赏价值。本科植物以观叶为主。

一、根

根状茎或块茎(图2-1)是竹芋根系的一个重要特征,其肉质、是植物的营养储存器官,可以产生可食用的淀粉,性凉,味甘、淡,有较高食用和药用价值。根状茎通常匍匐生长,能长出幼芽和须状根系,形成新植株行无性繁殖;块茎白色纺锤形,有鳞片,形似竹笋,味如芋头,长20~30 cm,直径3~5 cm,先端较粗,基部较细或较短成纺锤形,一般每株产10~20个[8]。

图2-1 竹芋的根

在休眠季节前,当块茎的淀粉含量达到最高时,通常会选择进行收获或分栽。

二、茎

竹芋科植物的地上茎可能具备,也可能不具。有些竹芋具有合轴的根茎,根茎在尖端分枝,变为膨大的块茎。茎为二歧分枝,分蘖可达20个,高可达2 m[9]。

三、叶

叶为基生叶,它们的鞘共同构成显著的茎;叶较大,常排成二列,有时变为螺旋状排列,叶有长鞘,在叶柄和叶片相接处有膨大的关节称叶枕,是为本科的特征[2]。叶枕有辐射状的结构,在其下皮之下有储水细胞层,储水细胞在一个倾斜的方向上大大地伸长,叶片的下皮有很多储水细胞。叶中脉将叶片对称分开,亦如姜科的叶片一样,在叶片中较狭的一半是包卷着较宽一半的[5]。叶片是竹芋的主要观赏部位,常见的观赏竹芋主要有肖竹芋属、竹芋属、卧花竹芋属和密花竹芋属等(见图2-2)。

图2-2 竹芋的叶

四、花

花构成穗状头状或圆锥花序,通常顶生于有叶的枝条上,也有生在鳞片的花茎上或在直接根茎上生出;苞片通常排成两行,花成对的位生于苞片腋中,通常2~5对,构成单枝聚合花序;雄蕊群贴生于花冠管中,内轮的后方雄蕊生有一能育的半个花药[2],其他雄蕊形成花瓣状的盔,包着花柱;外轮的2枚雄蕊退化呈倒卵形,内轮的长度仅为外轮的一半,子房无毛或稍被长柔毛。

图2-3 竹芋的花(部分来源于网络)

五、果实和种子

果实为蒴果或浆果,种子1~3个,坚硬,有胚乳和假种皮。子房三室,常有两个室发育不全,因此仅有一枚胚珠发育,单独的花柱在顶端常开裂,柱头位下裂片的空隙中,常有花蜜,由隔膜腺分泌,多从花柱的基部流出,以吸引昆虫授粉。果实具有三室,每室有一种子如竹芋属(*Maranta*),果实有的不开裂如柊叶属(*Phrynium*),或不整齐地开裂如再力花属(*Thali-a*),通常为一室背开裂的蒴果。当果实具有一种子时,三个裂片可能相等,有时有一个裂片较其他二片狭窄很多。种子是有棱角或微圆的,具有硬壳质有瘤的外种皮,从基部发出假种皮,常分为二片[2]。

第二节　竹芋生理特性

一、睡眠运动

睡眠运动和花柱运动是竹芋科植物的典型特征,但他们并不是该科植物所特有的。这些运动都是植物为了适应环境和完成生命周期的重要机制。

睡眠运动与植物本身生长过程没有直接关系的运动。例如花生叶、含羞草的叶片等,它们因为叶片内膨压的改变使得晚上叶片合拢、叶柄下垂,而白天时又重新展开。除此以外,还有某些植物的叶肉细胞中叶绿体的超光运动、细胞中原生质的流动等也是与生长无关的,这类运动称为非生长性运动。非生长性运动还可以分为感震运动和睡眠运动,某些品种的竹芋存在着典型的睡眠运动现象。关于植物睡眠运动与植物细胞结构关系的研究有诸多报道,认为植物睡眠运动与植物的叶柄基部的一个膨大的结构——叶枕密切相关。在竹芋的叶片和叶柄的连接处"有一明显膨大的关节",俗称叶枕。

睡眠运动是由于植物随昼夜明暗周期变化,叶片在白天处于展开状态,夜晚处于合拢状态的运动。其中女王竹芋就是典型代表之一。马超颖[10]等人在对女王竹芋叶枕细胞的形态学分析研究中发现,竹芋的睡眠运动与叶枕部的韧皮细胞密切相关,它的叶片会产生运动是因为受到昼夜变化的影响,基部叶褥组织的膨压发生了改变的结果。温度高、湿度低或者是暴晒时,即竹芋处于"觉醒状态"下,竹芋叶枕部的韧皮纤维细胞失水缩小,从而使叶枕外展、整个叶柄弯曲下垂、叶片平展;当温度适宜、湿度较大时,即竹芋处于"睡眠状态"下,竹芋叶枕部的韧皮纤维细胞吸水撑大,从而使叶枕直立或内凹,使得整个叶柄直立、叶片收拢闭合。睡眠状态下的叶枕部韧皮纤维细胞体积增大,而觉醒状态下的叶枕部韧皮纤维细胞体积缩小,因此,叶枕部细胞吸水撑大后叶子就张开,叶枕细胞排水缩小后叶子就闭合[10]。

植物在夜间没有阳光时是不能进行光合作用的,所以叶片合拢对其自身光合作用没有影响,但是这可以使其暴露于空气中的叶面积减小,进而减少叶面因过度蒸腾而失水[11]。这对于竹芋保持自身水分、维持正常的生理功能有着重要意义。

二、花柱运动

很多植物存在花柱运动现象,如竹芋科、锦葵科、西番莲科、姜科等。其中有些花柱运动是主动的,如山姜属、锦葵科和西番莲科的花柱运动;有些是被动的[12],如竹芋科的爆发性花柱运动。竹芋科植物中普遍存在花柱的爆发性运动。尽管在属间或者种间的花柱结构以及花柱运动后状态上存在差异,但它们的花柱运动机理基本上相同。帽状退化雄蕊包裹着柱头,在花蕾末期,花粉囊裂开,花粉转移到柱头背面的花粉盘内,形成次级花粉展示[13]。开花后,花柱在帽状退化雄蕊的束缚下生长成弯曲弹发的状态,一旦由退化雄蕊发育成的附属结构"扳机"受到外力的触动(例如当传粉者通过狭窄的花入口进入花冠管汲取花蜜时)就会引发花柱张力的释放,使得花柱在瞬间发生不可逆转的弯曲运动,即爆发性花柱运动。在此过程中,柱头前端的凹槽将刮取传粉者身上携带的花粉[13],实现异花授粉;之后花柱继续弯曲,柱头背面花粉盘再触及传粉者,其中的花粉散布到传粉者携带花粉的位置,完成自身花粉的输出。这样,花粉的输入和输出在时间-空间上分离,这种次级花粉展示机制被认为有利于避免雌雄功能的干扰和自花授粉。

第三节　竹芋生长习性

竹芋原产于南美洲圭亚那,西印度群岛,现主要分布在热带美洲,其次为西非洲及热带亚洲,多生于潮湿沼泽森林中。竹芋适合在热带、亚热带地区种植,其喜温暖、湿润环境,较耐热,不耐寒,怕霜冻,最适生长温度为18~25 ℃,13 ℃以上可安全过冬,低于15 ℃和超过35 ℃则对生长不利。竹芋宜在土质较疏松、富含有机质和腐殖质的中性偏酸砂壤土,土层深厚肥沃、排灌良好的地块生长。

第四节 环境条件对生长发育的影响

一、温度

生长适宜温度为18~25 ℃,冬季温度低于13 ℃时植株停止生长,若长时间低于13 ℃叶片就会受到冻害[14]。最佳生产温度是日间20~25 ℃,夜间16~20 ℃。安全越冬温度为13 ℃以上。若温度长时间低于13 ℃,养分不能被根系吸收,植物生长速度会非常慢,这个生长速度的差别,可能不是几周,而是几个月,从而错过最佳上市时间。而且,在温室内温度对湿度的影响很大。若温度不够,温室内湿度会很大,植物不能很好地进行蒸腾作用,叶边缘或叶脉周围会蓄水,进而细胞破裂,最终出现干斑。如在冬天或者遇到连续阴雨天(或者即使光照很强但植株高大,大叶子对下部盆土遮蔽作用很大的情况下)光照不足,根部水分不能通过叶片蒸腾作用蒸发掉,同时也不能通过土表蒸发掉,植物根长时间不能进行干湿交替,会出现根腐和茎腐的现象,进而影响整个植株生长。

若温度长时间高于35 ℃,高温会对植物体内的酶造成不能逆转的破坏,使多数酶失去活性,从而影响植物体内的酶促反应,使植物停止生长,并结合温室内其他条件状况,如光照、二氧化碳含量及养分供给情况相互作用,对植物叶片造成永久性伤害。

二、相对湿度

竹芋对水分反应较为敏感,最适宜其生长的空气相对湿度为60%~80%。每年的3~10月是竹芋生长旺季,在新叶抽出期间,若过于干燥,则新叶之叶缘、叶尖均易枯卷,日后变成畸形。

湿度过高,影响竹芋正常蒸腾作用,从而使叶片细胞中的水分不能及时蒸腾出去,竹芋叶片上就像落上了油滴,进而导致细胞破裂,叶片上就会落下棕色斑点,根系也容易出现病害,降低竹芋的观赏和售卖价值。

湿度过低,植物蒸腾作用加剧,植物不能通过根部吸收足够水分以补充叶片失去的水分,植物会出现萎蔫状态,并关闭气孔,容易出现叶片卷缩、干边干尖、生长缓慢、病虫害暴发等问题。

三、光照

竹芋忌强烈的直射光线,间接辐射性光线或散射性光线较好。光照过强时,蒸腾作用加剧,不能通过根部吸收足够水分以补充叶片失去的水分,植物会出现萎蔫状态,并关闭气孔,停止生长。竹芋顶层叶片会沿着主脉络发黄,进而形成干斑,失去观赏价值。

光照过弱时,蒸腾作用减弱,根对水分的吸收也会降低,由于植物对肥料和钙的吸收是依靠根系从水中获取的,因此养料吸收也随之降低,导致植物生长较弱,茎段细长,叶子较薄,根系不发达,且叶柄徒长易出现侧枝倒伏现象,同时,光合作用无法正常进行,会导致叶片斑纹不明显、色彩暗淡。

四、土壤

土壤为植物提供根系的生长环境,为其保温、保湿,辅助根部固定植株,土壤中储存着水分、空气、矿质元素,这些是植物生长所必需的,植物直接从土壤中摄取。植物在疏松土壤中能够更好地吸收水分和养分,同时,疏松多孔的土壤还能帮助植物根系更好地进行呼吸作用,从而保证正常的蒸腾作用和光合作用进行。土壤的密实度还会影响到土壤中微生物群落的生长和生存方式,在疏松的土壤中微生物能够更好地进行有氧呼吸,其生长所产生的有机物会促进植物生长,如果土壤孔隙不足,那些微生物细菌就会进行无氧呼吸,产生亚硝酸物质,加速土壤酸化。

竹芋的栽培土壤要求肥沃、疏松和排水良好,保水保肥、略带酸性为宜。多用肥沃的腐殖土和多孔的粗介质作基质。一般用腐叶土及泥炭土等量混合配置;也可用塘泥、泥炭、珍珠岩以2∶3∶1的比例混合配置;或用疏松的富含有机质的腐叶土加1/3珍珠岩,再加少量基肥配置而成。

五、水肥

竹芋对水分十分敏感。生长季节须充分浇水,保持盆土湿润。但土壤过湿,会引起根部腐烂,甚至死亡。切忌土壤过黏过湿,否则易引起病害。秋冬季浇水量可少些,视天气变化而定。尤其是气温较低时,应保持土壤干燥,不致受寒害。

施肥总原则是"薄肥勤施",尽量避免一次性浓度过大。否则易引起叶子灼伤造成肥害,严重时引起植株枯死。竹芋对氟和钾敏感,它们的毒害症状是叶片产生斑点,叶色较淡。冬季休眠期和夏天炎热时,要停止施肥。

第三章 观赏竹芋的分类与品种

第一节 分　类

竹芋科约30属,400种。德国人K.舒曼(K. M. Schumann)根据子房特征将竹芋科分为两族:柊叶族(*Phrynieae*)和竹芋族(*Maranteae*)[2]。

一、柊叶族

柊叶族(*Phrynieae*)子房3室,每室1胚珠。

约17属230种,肖竹芋属(*Calathea*)为最大的属,约有130种,柊叶属(*Phrynium*)30种。

肉柊叶属(*Sarcophrynium*):外轮退化雄蕊2个,苞片二行排列,花有叉状厚的腺体小苞片,果实光滑无疣状腺体,草本不分枝,果无

翅,花序长在嫩枝的末端

怪果芋属(*Thaumatococcus*):外轮退化雄蕊2个,苞片二行排列,花有叉状厚的腺体小苞片,果实光滑无疣状腺体,草本不分枝,果有翅,花序从根状茎生出

姜麻属(*Clinogyne*):外轮退化雄蕊2个,苞片二行排列,花有叉状厚的腺体小苞片,果实光滑无疣状腺体,灌木常分枝,果开裂,种子有假种皮

竹花蕉属(*Donax*):外轮退化雄蕊2个,苞片二行排列,花有叉状厚的腺体小苞片,灌木常分枝,果不开裂,种子无假种皮

驼背柊叶属(*Hybophrynium*):外轮退化雄蕊2个,苞片二行排列,花有叉状厚的腺体小苞片,果实有疣状腺体,果开裂,种子有多片的假种皮

糙蛙叶属(*Trachyphrynium*):外轮退化雄蕊2个,苞片二行排列,花有叉状厚的腺体小苞片,果实有疣状腺体,果不开裂,种子无假种皮

穗柊叶属(*Stachyphrynium*):外轮退化雄蕊2个,苞片二行排列,花无小苞片,花每一对单生,萼片相等

海洛皮属(*Halopegia*):外轮退化雄蕊2个,苞片二行排列,花无小苞片,花每一对单生,萼片不相等

柊叶属(*Phrynium*):外轮退化雄蕊2个,苞片二行排列,花无小苞片,花每一对有2花或多花,苞片保留,花序生在有叶的嫩枝上成头状

纤芋属(*Afrocalathea*):外轮退化雄蕊2个,苞片二行排列,花无小苞片,花每一对有2花或多花,苞片保留,花序自根状茎生出成穗状

可明斯属(*Comisia*):外轮退化雄蕊2个,苞片二行排列,花无

小苞片,花每一对有2花或多花,苞片脱落,花冠管长

竹芋草属(*Marantochola*):外轮退化雄蕊2个,苞片二行排列,花无小苞片,花每一对有2花或多花,苞片脱落,花冠管短

单柊叶属(*Monophrynium*):外轮退化雄蕊2个,苞片二行排列,花生长在每个小苞片中

冠柊叶属(*Ctenophrynium*):外轮退化雄蕊2个,苞片不是二行排列

簇柊叶属(*Phacelophrynium*):外轮退化雄蕊1个或无,圆锥花序

肖竹芋属(*Calathea*):外轮退化雄蕊1个或无,穗状或头状花序

二、竹芋族

竹芋族(*Maranteae*)子房1室,具1胚珠。

约10属120种,竹芋属(*Maranta*)30种,有2种竹芋与花叶竹芋已引入世界各地栽培,瘦冠花属(*Ischnosiphon*)30种。

外罗斯马属(*Myrosma*):苞片不脱落,外轮退化雄蕊2个花瓣状,同向叶

冠花芋属(*Ctenanthe*):苞片不脱落,外轮退化雄蕊2个花瓣状,逆向叶

单瓣花属(*Monotagma*):苞片不脱落,外轮退化雄蕊1个,每1苞片中生有1花

单叶花属(*Monophyllanthe*):苞片不脱落,外轮退化雄蕊1个,每1苞片中生有2花,花序小,稀疏穗状

瘦冠花属(*Ischnosiphon*):苞片不脱落,外轮退化雄蕊1个,每

1苞片中生有2花,花序中等,较密穗状

多穗花属(*Pleiostachya*):苞片不脱落,外轮退化雄蕊1个,每1苞片中生有2花,花序大,紧密穗状

竹芋属(*Maranta*):苞片脱落,外轮退化雄蕊2个,苞片2列,花序略分枝,花少

撒润滋属(*Saranthe*):苞片脱落,外轮退化雄蕊2个,苞片1列,同向叶,无彩色苞片

垫花属(*Stromanthe*):苞片脱落,外轮退化雄蕊2个,苞片1列,逆向叶,有彩色苞片

再力花属(*Thalia*):苞片脱落,外轮退化雄蕊1个

我国原产及引入栽培的主要有4属,包括肖竹芋属(*Calathea*)、竹叶蕉属(*Donax*)、竹芋属(*Maranta*)和柊叶属(*Phrynium*)。虽然柊叶属(*Phrynium*)和竹叶蕉属(*Donax*)为中国原产属种,但引用最多、栽培最为广泛的是肖竹芋属(*Calathea*)。

肖竹芋属(*Calathea*),全球约150种,因其叶片有美丽的斑纹,常作为观赏植物进行栽培。常见品种包括:孔雀竹芋、青苹果竹芋、箭羽竹芋、青莲竹芋(荷花肖竹芋)、箭羽竹芋、天鹅绒竹芋等。

竹叶蕉属(*Donax*),植物为多年生、亚灌木状草本植物,有根茎。有2种或3种分布于亚洲东南部,我国台湾地区有1种。主要品种为竹叶蕉。

竹芋属(*Maranta*),叶形优美,叶色多变,周年可供观赏,是室内观叶植物的佼佼者。全球约23种,产于热带美洲;中国引入栽培的有2种及1变种。主要品种包括豹斑竹芋、斑叶竹芋、花叶竹芋、飞羽竹芋。

柊叶属(*Phrynium*),多年生草本植物。共有约30种,产于亚洲及非洲的热带地区。我国有5种,分布于南部及西南部。

第二节 主要栽培品种

飞羽竹芋（图3-1）：竹芋科竹芋属多年生常绿草本植物；地上茎柔弱，二歧分枝；叶卵形或薄被毛，被长卵状披针形；叶舌圆形，叶柄短或无；根状茎肉质，横出；果长圆状；花期9～10个月。竹芋喜温暖、湿润和半阴环境，适宜的温度范围为15～28 ℃，冬季温度不宜低于10 ℃。不耐寒，怕干燥，忌强光暴晒，对水分十分敏感，喜肥沃、疏松和排水良好的腐叶土壤。

图3-1 飞羽竹芋

新飞羽竹芋（图3-2）：竹芋科竹芋属多年生常绿草本植物；叶椭圆披针形，白绿色，外形和手感都和羽毛非常相似，摸起来很舒服。叶片白天展开，夜晚摺合，非常奇特[4]。之所以称新飞羽，是相较于飞羽竹芋，它的叶片绿白两色对比清晰，侧芽较多，比飞羽竹芋观赏效果更好。适宜生长半阴、温暖、潮湿、温差小的环境，温度适宜范围为 15~25 ℃,相对湿度>60%,光照强度保持在 10 000~16 000 lx(图 3-2)。

图 3-2　新飞羽竹芋

孔雀竹芋(图 3-3):肖竹芋属多年生常绿草本植物。植株挺拔,株高可达 60 cm。叶柄紫红色,叶片薄革质,卵状椭圆形,叶面上有墨绿与白色或淡黄相间的羽状斑纹,就像孔雀尾羽毛上的图案,因而得名。叶片亦有特性:白天舒展,晚间折叠起来。喜高温、多湿的半阴环境,忌强光。生长适温为 18~25 ℃,高于 30 ℃ 对其生长不利,温度过高时,其叶缘枯焦,叶片变淡,植株生长缓慢。低于 10 ℃ 植株会受冻。空气湿度要求 70%~85%,光照强度在 10 000~15 000 lx 比较适宜。生长速度较慢。

青苹果竹芋(图 7-4):竹芋科肖竹芋属多年生常绿草本植物,根出叶,丛生状,植株高大,可达 70 cm。叶柄为浅褐紫色,叶片圆形或近圆形,中肋银灰色,花序穗状。忌直射光,喜半阴、温暖、湿润的环境,生长最适宜温度为 16~26 ℃,相对湿度保持在 75%~85%,光照强度保持在 8 000~15 000 lx。

第三章　观赏竹芋的分类与品种

图3-3　孔雀竹芋

图3-4　青苹果竹芋

箭羽竹芋(图3-5)：竹芋科肖竹芋属多年生常绿草本观叶植物。株高可达100 cm，叶片斜立，形似箭羽，故得名。头状花序，小苞片膜质；萼片近相等；花冠管与萼片硬革质，蒴果开裂为3瓣，种子三角形。忌直射光，喜半阴、温暖、湿润的环境，生长最适宜温度为16～28 ℃，相对湿度保持在70%～85%，光照保持在10 000～18 000 lx。

图3-5　箭羽竹芋

青莲竹芋(图3-6)：又叫荷花肖竹芋、"碧卡丘"竹芋、"青莲"竹芋等,竹芋科肖竹芋属多年生草本植物,高可达1.2 m。有地上茎或无茎。叶通常大,叶中脉黄色,叶脉两侧依次为深绿和浅绿色条纹,具柄,柄的顶部增厚,称叶枕,有叶鞘。总状花序,萼片分离；多枚苞片组成的花序,形似荷花。性喜半阴和高温多湿的环境条件,对空气湿度的要求较高,需达到70%~80%。生长适温为18~25 ℃,超过35 ℃或者低于15 ℃对其生长不利。

图3-6　青莲竹芋

猫眼竹芋(图3-7)：又叫"豹纹"竹芋。竹芋科叠苞竹芋属植物，叶圆形，革质；叶端钝圆，全叶波状；叶面暗绿色，叶面从内到外有四层图案，沿中脉具淡蓝绿色不规则羽状斑，中部色斑与叶缘间有两圈齿牙状图案，内圈墨绿色，外圈黄绿色；叶缘绿色，有半圆形，波状与上述斑块同色的连续性斑纹；叶背为粉、红间隔的相应图案。忌直射光，喜半阴、温暖、湿润环境，生长最适温为15～27 ℃，相对湿度保持在75%～85%，光照强度8 000～15 000 lx。生长速度较快，一般38周即可销售。但是要注意植株的分蘖控制。

图3-7　猫眼竹芋

天鹅绒竹芋(图3-8)：又叫绒叶肖竹芋，竹芋科肖竹芋属多年生中等大草本植物，株高可达1 m。叶片长圆状披针形，不等侧，叶面深绿，有黄绿色的条纹，天鹅绒般，叶背幼时浅灰绿色，老时淡紫红色，头状花序，花冠紫堇色或白色，子房无毛。5～6月开花。忌直射光，喜半阴、温暖、湿润环境，生长最适温为15～25 ℃，相对湿度保持在75%～85%，光照8 000～15 000 lx。生长速度较快。

图3-8　天鹅绒竹芋

油画竹芋（图3-9）：竹芋科竹芋属植物，油画竹芋叶面比其他竹芋薄很多，长年空气湿度要求60%以上，生长较缓慢，散光通风。要求明亮散射光，湿度要求60%~80%，最低生存温度为5 ℃，适宜生长温度为18~28 ℃。

图3-9　油画竹芋（图片来源于网络）

闪亮之星竹芋(图3-10):竹芋科肖竹芋属,叶长圆或者披针形叶片,深绿和浅绿条斑相间飞花纹分布在浅绿色的中脉两侧,叶背紫红色,不耐寒,叶面上有银灰色呈羽状排列的线形花纹。它适应性较强,在室内较弱光线环境可较长时间栽培,为室内观叶植物中的珍品。

图3-10 闪亮之星竹芋

紫背竹芋(图3-11):竹芋科红背竹芋属多年生常绿草本植物;株高30~100 cm,有时可达150 cm;叶基生,叶柄短,叶长椭圆形至宽披针形,叶正面绿色,背面紫红色,全缘;圆锥花序,苞片及萼片红色,花白色。忌阳光直射,在间接的辐射光或散射性光下生长较好。喜高温、多湿和半阴环境,最适宜生长的空气相对湿度在75%~85%,适宜生长温度为20~30 ℃,白天最佳生长温度为18~21 ℃、夜间16~18 ℃,安全越冬温度为10 ℃。

图3-11　紫背竹芋

双线竹芋(图3-12)：竹芋科肖竹芋属多年生常绿草本观叶植物。株高可达100 cm，叶片长椭圆形，头状花序，小苞片膜质；萼片近相等；花冠管与萼片硬革质，蒴果开裂为3瓣，种子三角形。忌直射光，喜半阴、湿润、温暖环境，生长最适宜温度为16～26 ℃，相对湿度保持在70%～80%，光照保持在10 000～15 000 lx。生长速度较慢。

图3-12　双线竹芋

斑叶竹芋(图3-13):竹芋科肖竹芋属中等大草本植物。根茎肉质,纺锤形;茎柔弱,具分枝;叶薄且为卵形或卵状披针形,呈绿色,背面无毛或薄被长柔毛,具白斑;总状花序顶生,有花数朵,苞片线状披针形,花为白色;果长圆形;花期为夏秋季。喜温暖、湿润、通风良好的环境,不耐寒,怕干燥,忌强光暴晒,生长的适宜温度为18~28 ℃,相对湿度保持在70%~85%,光照保持在8 000~15 000 lx。

图3-13 斑叶竹芋(图片来源于网络)

彩虹竹芋(图3-14):又叫"玫瑰"竹芋,竹芋科肖竹芋属多年生常绿草本观叶植物。株高可达60 cm,叶椭圆形或卵圆形,叶面、叶脉青绿色,近叶缘处有一圈玫瑰色或银白色环形斑纹,如同一条彩虹,故名彩虹竹芋。头状花序,小苞片膜质;萼片近相等;花冠管与萼片硬革质,种子三角形。喜高温湿润环境,忌阳光直射,在间接的辐射光或散射性光下生长较好。忌暴晒,忌干旱,不耐热、忌高温,不耐寒,生长适温18~25 ℃。

图3-14 彩虹竹芋

金花竹芋(图3-15)：又叫金花冬叶等,竹芋科肖竹芋属植物。植株丛生,高15~30 cm。叶片长椭圆形,长14~16 cm,宽7 cm,全缘,稍有波浪状起伏,叶面橄榄绿色或暗绿色。花序由叶丛中抽出,通常高出叶面,苞片橘黄色。真正的花朵很小,生于苞片内,并不显眼。花期主要在冬、春季,花开放持久。喜高温、湿润,要求较高的空气湿度,最好能达到70%~80%；忌空气干燥。生长适温为18~25 ℃,喜空气湿润,避免烈日直射,生长季要置于荫蔽或半阴处。

七彩竹芋(图3-16)：别名红背卧龙竹芋,竹芋科竹芋属植物,叶柄较短,叶长约25 cm、宽8~15 cm；叶面暗绿色,有光泽,中脉淡绿色,沿中脉两侧有斜向上的绿色条斑,叶背紫红色并有绿色条斑。圆锥花序,苞片及萼片红色、蜡质,小花白色,花期春末至夏初。其性喜温暖湿润和阴暗的环境。生长适温为20~35 ℃,越冬温度为10 ℃。

第三章 观赏竹芋的分类与品种

图3-15 金花竹芋（图片来源于网络）

图3-16 七彩竹芋（图片来源于网络）

豹斑竹芋（图3-17）：竹芋科竹芋属植物，又叫红脉豹纹竹芋，株型矮小，生长速度较快。叶片常横向生长，椭圆形，长10～12 cm，宽5～6 cm。叶色具犹如鲱鱼骨状的花纹，脉纹呈紫红色，中肋两侧有银绿锯齿状斑块，叶背紫红色，中肋绿色。小花白色，有紫红色斑点。属于小型盆栽植物。

马赛克竹芋（图3-18）：竹芋科叠苞竹芋属植物。叶片背景通常是深绿色或墨绿色，而花纹则是浅绿色或黄色。每片叶子都布满了独特而复杂的花纹，这些花纹呈现出网格状的图案，仿佛是由小块小块的马赛克瓷砖组成。马赛克竹芋的叶片肥厚，植株低矮，会

图3-17　豹斑竹芋(图片来源于网络)

从根部直接长出新的嫩叶。喜明亮的散射光,不可暴晒。适宜在温暖而潮湿的环境下生长,理想的生长温度范围为18~24 ℃。

叶蝉竹芋(图3-19):竹芋科竹芋属植物。叶脉发红,叶片基本是天鹅绒般深绿色,但边缘较浅,且沿着中脉有条像锯齿的明亮浅绿色带。喜明亮散射光,湿度控制在50%~80%,适宜生长温度为18~28 ℃,最低生存温度不能低于10 ℃。

图3-18　马赛克竹芋(图片来源于网络)

第三章 观赏竹芋的分类与品种

图3-19 叶蝉竹芋（图片来源于网络）

翠叶竹芋（图3-20）：竹芋科肖竹芋属多年生常绿草本植物。叶片表面有深绿色的斑纹分布，喜温暖湿润和半阴环境，不耐寒冷和干旱，忌烈日暴晒和干热风的吹袭，怕低温和干风，生长适温18～25℃，喜微酸性土壤，土壤以排水好、肥沃、疏松的腐叶土或培养土为好。

图3-20 翠叶竹芋（图片来源于网络）

美丽竹芋（图3-21）：竹芋科肖竹芋属植物。叶自根际丛生，叶柄直立；叶阔歪卵形，全缘，叶表浓绿，有美丽的羽状斑纹，叶背及叶柄红褐色。喜温暖、湿润和半阴环境，不耐寒，怕干燥，忌强光暴晒。生长适温22～28℃，越冬温度为15℃。要选通透性较好的泥炭，保持盆土湿润，并注意向叶面喷水；尤其夏秋季气温较高、空气干燥时，还须经常向叶面及周围喷水，以保持较高的空气湿度。

图3-21　美丽竹芋（图片来源于网络）

红美丽竹芋（图3-22）：竹芋科肖竹芋属植物。红美丽竹芋的叶子是墨绿色的，叶面上有玫红色的花边，中间有玫红色的叶脉。适宜温度控制在18～25℃，高于30℃时，植株会萎蔫腐烂，低于10℃时，植株会休眠。宜养在明亮的散光处，夏季要避开直射光，冬季给予全光照。喜湿润，生长旺盛时期注意定期浇水，秋冬季节减少浇水。生长时期适当追肥，需用稀薄的液肥，避免浓肥烧根。

第三章 观赏竹芋的分类与品种

图3-22 红美丽竹芋（图片来源于网络）

红玫瑰竹芋（图3-23）：竹芋科肖竹芋属植物。叶片边缘为墨绿色，中间大半叶片呈现深深浅浅的粉色。喜湿润的半阴环境，它不耐强光照射，日常养护在有散射光的地方即可。性喜温暖，最适宜的生长温度在20～25℃，不耐寒，冬天保持室内温度不低于15℃，不然会产生冻害。

金梦竹芋（图3-24）：也叫黄金马赛克，竹芋科竹芋属植物。叶片上有黄色、绿色、黄绿色三种颜色混搭在一起，宛如一幅油画，引人注目，恰到好处。喜温暖的环境，最适宜的生长温度在20～30℃之间。喜明亮散射光，湿度控制在50%～70%之间。

图3-23 红玫瑰竹芋

图3-24　金梦竹芋

波浪竹芋（图3-25）：又叫剑叶竹芋、浪星竹芋,竹芋科肖竹芋属多年生常绿草本观叶植物。叶片细长,边缘呈现波浪形,如海浪一般起起伏伏。叶片正面为绿色,背面则为深紫色。喜温暖湿润和明亮的环境,不耐寒,也不耐旱,怕烈日暴晒,适宜生长温度为20～30℃,忌阳光直射,在间接的辐射光或散射性光下生长较好。适宜其生长的空气相对湿度在75%～85%。

图3-25　波浪竹芋

魅力之星竹芋(图3-26):竹芋科肖竹芋属植物。喜温暖湿润的半阴环境,不耐寒冷和干旱。叶长圆或者披针形叶片,深绿和浅绿条斑相间飞花纹分布在浅绿色的中脉两侧,叶背紫红色,不耐寒。喜温暖湿润的半阴环境,不耐寒冷和干旱,忌烈日暴晒和干热风的吹袭,生长适温18~28℃,对空气湿度要求较高,尤其是新叶生长期,应经常向植株喷水,否则会因空气干燥导致叶缘枯焦和新叶难以舒展。此外,强光照射也会造成叶缘枯焦。

图3-26　魅力之星竹芋

第四章 观赏竹芋繁殖技术

繁殖是生物进化和生存的核心,是生物不断适应千变万化的外界环境,保持竞争力,以实现繁衍后代的手段,是生物增加遗传多样性和新品种创制的根本。自然界中的动植物有着奇妙多样的繁殖策略,竹芋科植物完美的繁殖策略更让人惊叹不已,它们既可以进行吸引传粉媒介传播花粉的有性繁殖,又能够无性繁殖。

第一节 有性繁殖

竹芋科植物的有性繁殖即播种繁殖。传粉是播种繁殖不可缺少的环节,传粉媒介是其中至关重要的组成部分,然而,花部特征影响传粉者种类及探访花朵的行为。大多数以动物为媒介的有花植物,通常具有芳香的气味、甜味的蜜露、大量的花粉、大而艳的花朵吸引传粉者,其雌雄器官往往靠得较近且位于花的中间,能提高异花交配的成功率。竹芋科植物的花被并不鲜艳,有些更不显眼,但它们以花蜜为传粉者的报酬,再配合自身独特的花部结构("扳机"

结构)引发爆发性花柱运动精确完成传粉,降低雌雄功能间干扰的同时避免自花授粉,有利于种群内基因交流,产生更适合环境的后代,保证种群进化的多样性。

竹芋科植物不同的属间甚至种间的花部结构虽然存在较大差异,但其花柱运动机制却基本相同(图4-1),简单来说就是:花蕾末期,花粉囊开裂,花粉转移至柱头(Gk)背面的花粉盘内,形成次级花粉。开花后,帽状退化雄蕊(Ka)包裹着柱头,使花柱在束缚下生长成弯曲弹发状态,此时,就犹如上膛的扳机(Tr)结构,一旦受到外力触动,花粉就会从犹如枪管的花柱上被送至传粉者身上,使得花柱(Gs)在瞬间发生不可逆转的弯曲运动,即爆发性花柱运动[13]。在此过程中,柱头凹槽(Nh)将刮取传粉者身上携带的花粉,然后将花粉盘内的花粉输出到传粉者身上,从而实现避免雌雄功能干扰且达到精确选择性传粉[15]。

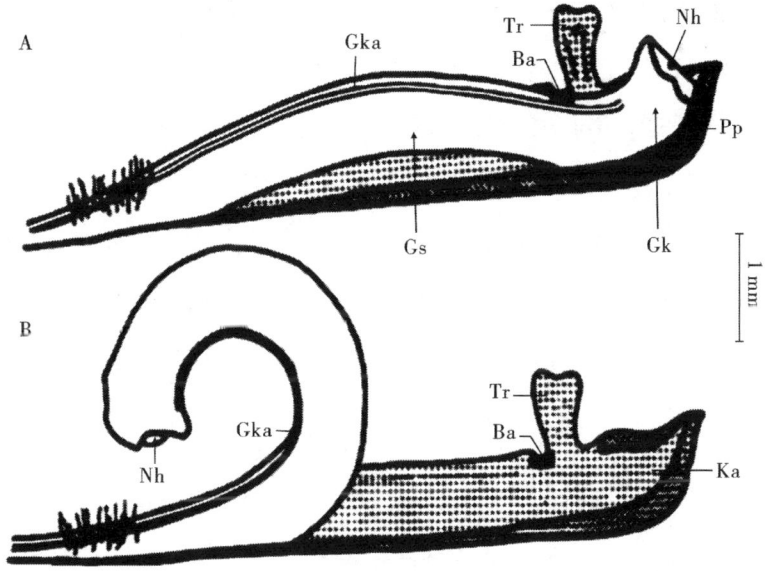

图4-1 叶蝉竹芋的花柱运动[13]

A:释放前;B:释放后。Ba:基部的盘;Gk:柱头;Gka:花柱道;Gs:花柱;Ka:帽状退化雄蕊;Nh:柱头凹槽;Pp:花粉盘;Tr:扳机结构[13]

待种子充分成熟后,随采随播。将收集的种子表面的果肉和杂质清除干净,放入清水中浸泡24 h。基质选择透气排水性好、疏松肥沃的,将浸泡后的种子均匀撒在基质表面,然后轻轻覆盖一层薄薄的基质,基质保持湿润,将播撒的种子放在温暖、通风良好的地方等待发芽即可。

第二节　无性繁殖

竹芋科花卉是虫媒植物,在自然环境中,其独特的花部结构需要在昆虫的协助下才能完成传粉。竹芋科植物是异花授粉植物,杂交种子后代会有广泛的性状分离,变异较大。观赏竹芋在人工栽培过程中更由于缺少传粉媒介极难结种子,通常较少进行播种繁殖栽培。在观赏竹芋的栽培历程中,许多观赏竹芋种类具有地下茎,能形成新的植株,可采用分株、扦插、截顶促芽及组织培养等方法进行繁殖[16]。观赏竹芋虽然可通过分株或扦插繁殖,但由于分蘖少、繁殖系数低、易染病、季节限制、退化严重等问题,导致很难培育出具有较高观赏价值和商业价值的品种,从而难以满足日益增长的市场需求,因此大规模种苗生产主要采用组织培养技术(图4-2)。

第四章 观赏竹芋繁殖技术

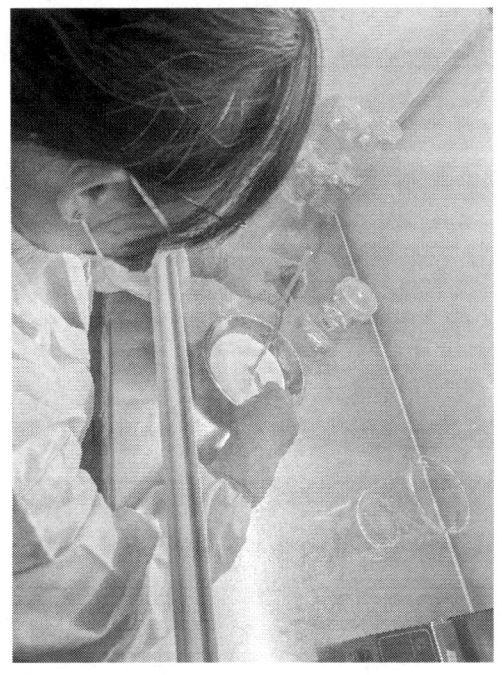

图 4-2 组织培养

1. 组织培养

观赏竹芋组织培养繁殖是以分蘖芽、基生芽或茎段为外植体，通过建立无性快繁体系，以实现繁殖速度快、批量生产、生长整齐、品质稳定的工厂化育苗生产方法。此方法所得种苗产生变异概率较低且品质均匀稳定，是竹芋繁殖最广泛、最有效的途径。

目前，我国市场上常见的观赏竹芋多为引进的国外品种，具有自主知识产权的品种甚少，但极具观赏性的竹芋受国人喜爱越来越多，其种苗需求量亦随之加大。通过组织培养技术进行工厂化育苗已是一种成熟且商业化程度较高的生产技术手段，在植物生产领域更是蓬勃发展，尤其广泛应用在经济价值较高的观赏植物方面，如月季、芍药、红掌、蝴蝶兰、石竹、竹芋等。据统计，仅厦门及广东地区培育的蝴蝶兰组培苗,年产量就达几千万株,北京地区培育的竹芋组培苗,年产量也达几百万株。观赏竹芋进行大规模的工厂化育苗,不仅能满足市场的需求,而且能够创造较高的经济价值。

竹芋科观赏植物多为观叶植物,其中具有较高观赏价值的品种有400多个,进行规模化商业性繁殖且有完整组培快繁体系以肖竹芋属为主,此外还有竹芋属、锦竹芋属、卧花竹芋属(表4-1)。

表4-1　竹芋科有完整快繁体系的主要观赏品种

竹芋科下的属	主要观赏品种
肖竹芋属	"双线"竹芋、"彩虹"竹芋、"孔雀"竹芋、"青苹果"竹芋、"猫眼"竹芋、"美丽"竹芋、"罗曼"竹芋、"天鹅绒"竹芋、"彩云"竹芋、"剑雨"竹芋、"红背"竹芋、"红玫瑰"竹芋、"浪心"竹芋、"明媚"竹芋、"金花"竹芋
竹芋属	"飞羽"竹芋、"豹纹"竹芋、"白纹"竹芋、"花叶"竹芋
锦竹芋属	"银叶"竹芋、"三色"竹芋
卧花竹芋属	"紫背"竹芋

(1)组培生产准备

1)生产车间条件　植物组织培养是在严格的无菌条件下培养植物材料,其组培生产工作场所应保持干净清洁、避开污染源、光照充足、交通方便。

2)组培工厂基本组成　竹芋组培工厂应包括竹芋组培生产车间和驯化育苗区。组培生产车间应包括培养车间、无菌接种车间、洗涤车间、培养基称量及配制室、灭菌车间、检测车间(图4-3);驯化育苗区包括驯化移栽用温室大棚和育苗温室,常与栽培种植场所相结合,此外,还设有办公室、仓库、冷藏室、抽水泵房等附属用房。

无菌接种车间	灭菌车间	培养基称量及配制室
参观、运输走廊		
无菌接种车间	培养车间	洗涤车间	检车车间

图4-3 组培工厂车间位置设计图

(2) 组培生产设备、器皿及试剂

组培生产过程中所需设备主要有超净工作台(双人型、单人型)、电热灭菌器、高压蒸汽灭菌锅、4 ℃药品冷柜、万分之一电子天平、百分之一电子秤、电磁炉、pH值计、培养基分装机、掌式离心机、显微镜、立体显微镜、电热恒温水浴锅等；所需器皿主要有组培瓶、量筒、三角瓶、容量瓶、搅拌棒、试剂瓶、烧杯、移液枪、镊子、手术刀、接种器械、搁置架、手术剪、酒精灯等；所需试剂主要有配制MS培养基的化学药品，植物生长调节剂类，外植体消毒剂等。

(3) 培养基的配制

培养基是人工将植物细胞生长所需的营养配制出来的营养物质，由大量元素、微量元素、铁盐、有机添加物、生长调节剂、蔗糖和琼脂等组成[17]。竹芋组织培养的基本培养基一般选用MS、1/2MS，在诱导、增殖和壮苗生根过程中添加不同种类和浓度的植物生长调节剂进行培养[17]，具体配方见表4-2。所配培养基中均加入30 g/L的蔗糖、7~8 g/L的琼脂，用浓度为1 mol/L的氢氧化钠或盐酸调pH值至5.5~5.8。

表4-2 竹芋组织培养基各生长阶段推荐配方

生长阶段		诱导培养	增殖培养	生根培养
基本培养基		MS培养基	MS培养基	1/2MS培养基
植物生长激素及添加物浓度	NAA(mg/L)	0.2~0.5	0.2~0.4	—
	6-BA(mg/L)	2~4	2~6	—
	IAA(mg/L)	—	—	2
	活性炭(g/L)	—	—	1.5~2
	蔗糖(g/L)	30	30	30
	琼脂(g/L)	7~8	7~8	7~8

培养基制备之前,为了方便和准确,常将大量元素、微量元素、铁盐、有机物类、植物生长调节剂分别配置成母液(图4-4),MS基本培养基及常用植物激素母液配制见表4-3。当制备培养基时,只需要按计算好的量取母液稀释即可[18]。

图4-4 培养基母液

表4-3　MS基本培养基及常用植物激素母液配制

母液分类	组成成分	培养基中浓度	母液中浓度	保存方式
大量元素	KNO_3	1 900 mg/L	19 000 mg/L	4 ℃避光冷藏保存
	NH_4NO_3	1 650 mg/L	16 500 mg/L	
	$MgSO_2 \cdot 7H_2O$	370 mg/L	3 700 mg/L	
	KH_2PO_3	170 mg/L	1 700 mg/L	
	$CaCl_2$	330 mg/L	3 300 mg/L	
微量元素	KI	0.83 mg/L	83 mg/L	4 ℃避光冷藏保存
	$ZnSO_4 \cdot 7H_2O$	8.6 mg/L	860 mg/L	
	$MnSO_4 \cdot H_2O$	16.9 mg/L	1 690 mg/L	
	H_3BO_3	6.2 mg/L	620 mg/L	
	$Na_2Mo_4 \cdot 2H_2O$	0.25 mg/L	50 mg/L	
	$CoCl_2 \cdot 6H_2O$	0.025 mg/L	250 mg/L	
	$CuSO_4 \cdot 5H_2O$	0.025 mg/L	250 mg/L	
有机成分	VB_1	0.1 mg/L	20 mg/L	4 ℃避光冷藏保存，棕色瓶
	VB_6	0.5 mg/L	100 mg/L	
	烟酸	0.5 mg/L	100 mg/L	
	甘氨酸	2 mg/L	400 mg/L	
	肌醇	100 mg/L	20 000 mg/L	
铁盐	$FeSO_4 \cdot 7H_2O$	27.8 mg/L	2 780 mg/L	
植物生长调节剂	6-BA	根据不同阶段选用不同浓度	常用浓度为0.1 mg/mL、0.5 mg/mL、1 mg/mL	4 ℃避光冷藏保存
	NAA			
	IAA			

培养基配制完成并分装入组培瓶内，将其密封放入高压灭菌锅内，在121 ℃的条件下灭菌20 min。灭菌结束后，将培养基置于30 ℃的室内放置3 d，观察灭菌情况备用。

(4)外植体的获取与消毒杀菌

1)材料的选择获取　竹芋组织培养中外植体的来源从生长良

好健壮、园艺性状优秀、无病虫害的优良品种母株上获得。挖取母株后剥去叶片,用2000倍百菌清溶液灌淋消毒,从地下部分切取长度3~10 cm健壮的新生分蘖芽,逐层剥除未展开的叶片和叶鞘,并切除基部木质化组织,用自来水冲洗干净,获得外植体移入超净工作台待用[18](图4-5)。

图4-5　材料的选择获取

1.优良母株;2.清洗、消毒;3.拔除叶片和叶鞘;4.自来水冲洗

2)外植体消毒杀菌　将获得的外植体侧芽切成0.3~1.0 cm的小芽,并进行表面消毒,浸泡到75%酒精40~60 s,无菌水冲洗1次,再用0.1%氯化汞消毒12~16 min,无菌水冲洗3~5次,剥除与消毒液接触受伤的最外层苞片,用无菌滤纸吸干消毒外植体表面

水分后,切成1 cm左右见方的小块,放入培养皿待用(图4-6)。

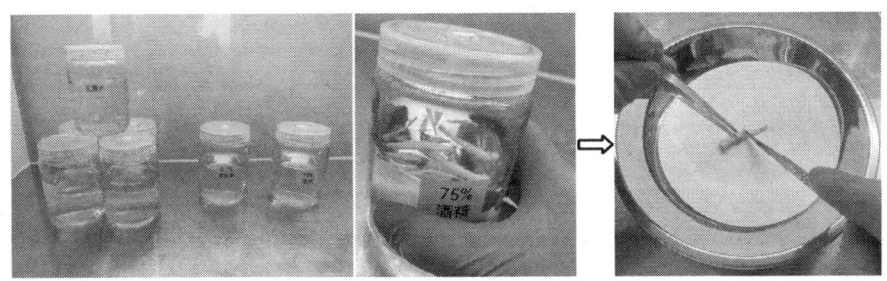

表面消毒及冲洗　　切芽

图4-6　外植体消毒及切芽

(5)诱导培养

将消毒后的幼芽接种于诱导培养基上进行启动培养(图4-7),培养温度为24~27 ℃,湿度为70%~80%,光照1200~3000 lx,光照时间10~16 h/d。经过30~50 d的培养,外植体周围会长出丛生小芽。

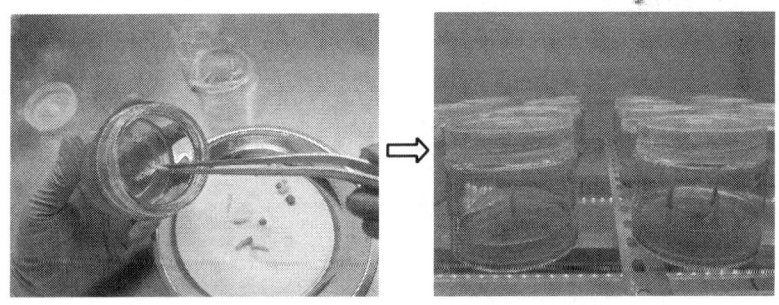

图4-7　诱导培养

(6)增殖培养和继代培养

诱导培养50~60 d后,及时将1.0~1.5 cm的不定芽转入增殖培养基中,得到新芽,控制培养温度在24~27 ℃,湿度70%~80%,光照2000~3000 lx,光照时间8~10 h/d,培养40~50 d后,将多个不定芽切割成 2~3 个芽一团的块,继续进行继代培养。此阶段重复 15~20 次。

(7)生根培养

将继代培养获得 5 cm 以上的健壮不定芽分割成小丛或单个独立芽,对其进行生根培养,此阶段温度可适当提高至 27 ℃左右,光照时间调至 8 h/d 即可,培养 30~40 d 可获得 2~3 条主根的完整植株。

(8)炼苗移栽

1)炼苗　将苗高 3 cm 以上、主根 2~3 条 1.5~2.5 cm 的瓶苗,闭瓶移入有散射光的荫棚下,透光率 50%~70%,温度 15~28 ℃,逐步见光炼苗 7~10 d 后,从瓶中取出。移栽前 3 d 将瓶盖打开,每天保证足够的湿度即可。

2)移栽　出瓶时用镊子小心把小苗从培养瓶中取出,洗净根部培养基,用 1500~2000 倍多菌灵药液先浸泡 3~5 min,置阴凉处,晾干水分备用。用 72 穴育苗盘装专业育苗基质,进行竹芋苗移栽,栽好的苗放在半阴处,喷雾或洒水少量,将附着在小苗上的基质杂物冲掉。

3)移栽后管理　温度在 15~28 ℃,湿度为 70%~90%,光照 5 000~20 000 lx。注意勿立即浇透水,但要保持较高空气湿度,90% 为宜。要保温与通风相结合,即每日喷水雾增湿数次。只向叶面和基质表面少量喷水,使植株不失水为宜。新栽小苗一个月内不宜施肥,否则易引起根部腐烂死亡。观察小苗发新根后,即可转入正常管理,并做红蜘蛛、蜗牛等病虫害防治。

2. 分株繁殖

许多观赏竹芋种类具有地下茎,能形成新的植株,可采用分株繁殖,但分蘖少、繁殖效率低[16]。观赏竹芋室外繁殖一般于春季换盆时进行分株繁殖,气温在20 ℃为宜,夏季和冬季由于温度原因不适合繁殖,而在气温、湿度可控的温室大棚内,则全年可进行[19]。分株前将植株脱盆,在盆土半干半湿状态下除去宿土,修剪除去较密的老根和烂根,将根茎小心分割成若干分蘖株,将分蘖株根部置于2000倍多菌灵溶液浸泡1~2 h,置于阴凉处晾干,于新基质内上盆种植。每盆栽植株数1~2,具体根据品种而定,如"孔雀"竹芋、"箭羽"竹芋等每盆栽2~3株,"飞羽"竹芋、"彩虹"竹芋等每盆栽植1~2株较好。上盆后立即补足水分,并进行遮阳处理,此后基质缺水时喷雾补水,保持叶片新鲜即可。温度控制在20~27 ℃,湿度为80%以上,光照5000 lx,待新叶开始长出时,则可以进行苗期管理(图4-8)。

图4-8　分株繁殖

3. 扦插繁殖

观赏竹芋因不同品种生物学特性不同,采用扦插方式各有不同,总结有以下几种方式:地上部分具有芽的品种,待株芽长至一定时间头部膨大且形成根突时剪下,扦插生根后移栽;花葶上可长株芽的品种,待芽成熟于节下 1 cm 处剪下,扦插生根后移栽;枝条直立性匍生的品种,将其枝条保留一节后剩余全剪下,分成带有一个节间的茎段若干,叶片剪去三分之二,速蘸生根剂,分清形态学的上下端,将节间埋入基质中扦插;有地走茎的品种,将地走茎分离母体后,分成带有两个节间的茎段若干,将形态学的下端节间扦插于基质中(图4-9)。

图4-9 扦插繁殖

4. 截顶促芽

观赏竹芋的有些品种植株基部具有密短茎节,如"天鹅绒"竹芋,可将基部叶片切断后于基部节上生根形成完整植株。由于切除叶片破坏了生长点,促使母株长出多个芽,可剪下分别种植或经扦插生根发芽后再上盆种植[16]。此外,剪下的叶片可蘸取生根粉后进行扦插繁殖(图4-10)。

第四章 观赏竹芋繁殖技术

切除叶片　　　　　促芽　　　　　分栽

图4-10　截顶促芽

第五章 观赏竹芋周年生产技术

设施栽培是用一定的设施和工程手段改变自然环境,在环境可控的条件下,按照植物生长发育要求的最佳环境(温度、光照、湿度、肥料等),以最小的资源和资金投入,进行现代化的花卉生产,使单位面积的产量、品质和效益大幅度提高[20]。竹芋属热带植物,我国北回归线以北地区利用温室等栽培设施,可以周年栽培观赏竹芋。

第一节 种植场地与设施

一、场地选择和布局

竹芋生产已经形成产业化,需要进行合理的规划布局,场地选择时主要考虑以下四个方面。

1. 温室南面开阔、无遮挡

观赏竹芋温室的建造场地宜选择地形平坦开阔,光照充足,南面没有高山、树木、高大建筑物等遮光物体的矩形地块,并避开山口、河谷等风道。坡地或山地阳坡建造观赏竹芋温室效果也不错,随着海拔升高,可以降低夏季高温,但需将坡地整平,较费力费钱。

2. 避风地带

主要对于冬季生产的温室或北方地区温室,最好选在迎风面有山、防风林或高大建筑物等挡风的地方,以形成温暖的小气候环境,从而降低温室的能耗。

3. 水电设施齐全,交通便利

竹芋生产水质要求较高,因此宜选择水源丰富、水质好的地方,如果水质不好,纯净水过滤设备的滤芯、水帘喷头等设备寿命会大大降低,成本提高。另外需要重点考虑电力供给、线路架设的问题,保证有稳定、可靠的电源,以避免生产关键时期停电而造成经济损失。温室所处的位置也至关重要,交通便利能及时将观赏竹芋送到市场,减少运输、保鲜和管理费用。最好靠近村庄,交通方便,可以充分利用已有的电源和水源,投资较少,且拥有充足的劳动力。

4. 无污染

不能在有污染的工厂、矿场附近建造观赏竹芋温室,特别是下风或河道下游处,防止土壤、水源、空气受到污染,影响观赏竹芋正常生长发育[21]。选好地块后,平整土地,测量方位,丈量土地面积,绘制田间规划图。绘制田间规划图首先需要确定温室方位、跨度、高度、长度等。温室方位是指温室中屋脊的走向,它主要影响温室内的光热环境。一般观赏竹芋温室坐北朝南,东西延伸。冬季温度较低或多雾的地区，由于上午揭保温帘的时间不能太早，为了充分利用中午到下午这段时间的直射光，故方位以南偏西5°~10°为宜；冬季温暖、少雾地区，中午到下午可能需要遮阳，可较早揭保温帘，为充分利用上午的直射光，方位可为南偏东5°~10°。土地无法调整时，可接近正南方向建造。计算前后排温室之间的距离，一般以温室最高点到地面的垂直距离为基数，以此基数的2倍加1.2~1.3 m，所得值为前后排温室之间的距离。东西两栋温室间的距离应是温室高度的2/3，应大于4 m，以便于车辆通行。

二、种植设施

（一）温室的类型

温室的类型主要依据当地的自然气候条件、场地大小、投资规模等情况而定，一般选用单坡屋面温室或连栋温室。

1. 单坡温室

单坡温室（图5-1）的屋面采用透光良好的塑料薄膜或玻璃；北墙采用砖墙、土墙或复合墙体，设小窗；骨架采用竹木、钢管等材料。这种温室在我国中小规模温室栽培应用中比较普遍，具有较好的抗风压、雪载、保温和蓄热能力，建造时就地取材，注重实效，成本较低，但存在通风较差、光照不均衡的问题。

图 5-1　单坡温室

2. 连栋温室

连栋温室(图 5-2)又称为连跨温室、连脊温室。

连栋温室屋面由数个对称塑料薄膜拱棚或人字形双坡玻璃片在屋檐处纵向连接而成,室内贯通,或有纵向侧柱或柱网支撑,侧墙直立或角度较大。这种温室高度较高,一般屋脊高 3~5 m,单个温室占地面积较大,保温性好,总平面的土地利用系数较高,但是单位面积采光量较少,檐沟处易造成冬季积雪、落叶、灰尘等排扫中的困难,屋檐连接处造成结构性遮光,且随着栋数的增加,室内通风变差。

图 5-2　连栋温室

(二)配套设施

1. 栽培床

为节省劳动力和温室面积,温室采用变换通道的可移动栽培床(图5-3),床体可用轻质钢材作边框,用镀锌钢丝、钢片作底,床底部装有可滚动的圆管、滚轮或齿轮用以移动栽培床。因此,一间温室可以只留一条通道,通过栽培床的左右移动,就可以在每两个栽培床之间空出相当于通道宽度的间隔,这样每间温室的有效栽培面积就可以提高到86%~88%,比固定通道的温室有效栽培面积增加20%以上。为便于双侧操作,观赏竹芋栽培床宽度不超过180 cm,高度70~90 cm,长度在50 m以内。

图5-3 栽培床

2. 保温设备

常用的保温设备有保温帘(图5-4)和保温幕两种。

单坡屋面温室常用一端固定在后墙上的保温帘,保温帘采用保温棉、草帘等用于夜间覆盖;保温幕架设在温室内,多采用银白色铝箔反射性内保温幕布,亦可做夏季遮阳。

第五章 观赏竹芋周年生产技术

图 5-4 保温帘

加温方式有烟道加温、热水加温、蒸汽加温、电热加温、热风加温等。常用的加温方式是热水加温和热风加温。热水加温系统由热水锅炉、供热管道和散热设备 3 个基本部分组成,是用锅炉将水加热到 80~85 ℃,通过管道送至温室内的散热管内,经散热管末端流回锅炉加热,如此循环。热水加温较均匀、室内温度恒定、安全可靠,即使发生紧急故障、临时停止供暖时,2 h 内不会对作物造成大的影响,但存在系统复杂、前期投资较大、锅炉可能产生污染等问题,是北方地区常用的加温方式之一。热风加热系统由热源、空气换热器、风机和送风管道组成,是近年新流行的一种加温方式,采用燃油热风机或空气能加热产生热量,通过管道鼓风送至苗床中央,通风管由开孔的聚乙烯薄膜或布制成,沿温室长度布置,通风管质量小、布置灵活且易于安装。热风加热快、易调控,但停机后降温较快,成本略高。

3. 降温设备

我国幅员辽阔,南北气候差异很大,因此降温设备也各有不同。温室中常用的降温设备有:自然通风系统(通风窗、侧窗和顶窗等)、强制通风系统(排风扇)、遮阳网(内遮阳和外遮阳)、湿帘、风机降温系统、微雾降温系统等。一般温室多不采用单一的降温方法,而是根据设备条件、环境条件和温度控制要求采用以上多种降温方法组合。

(1)通风与遮阳降温

这是最简单且传统的降温方式,包括温室的侧窗和天窗、排风扇、遮阳网等。当温度过高时,将侧窗和天窗打开,启动排风扇,展开遮阳网,从而达到降温的目的。但降温效果不够理想。

(2)水帘与排风扇降温

现代化的温室具有高效的降温系统,一般由水帘(图5-5)和排风扇(图5-6)两部分组成。排风扇装在温室的一侧,而水帘装于排风扇相对的另一侧。水帘是由一种特制的"蜂窝纸板"和回水槽组成的。在封闭的温室环境内,风机开启后将温室内的空气排出室外使室内形成负压,同时水泵向水帘供水,这样水帘外的空气由于温室内的负压而进入温室,在穿过水帘的过程中与冷水进行热交换变成冷空气,从而达到降温的目的。这种降温设备能够将高温对温室生产的不利影响降到最低。

图5-5 水帘

图 5-6　排风扇

（3）微雾降温

微雾降温法是当今世界上最新的温室降温技术,是利用水分快速蒸发带走热量的降温原理,经特制的管件(图5-7)由高压喷出雾化程度非常高的小液滴,在液滴尚未落至地面即已蒸发,从而达到降温效果。该法一般可降温4～10 ℃,对空气相对湿度较低的地区和自然通风良好的温室尤为适用。

图 5-7　微雾设备

4. 光照调节设备

主要包括补光、遮阳和遮光设备。

设置补光设备的主要目的：一是人工补充光照，用以满足花卉对光周期的需要，促进或延缓开花；二是作为光合作用的能源，补充自然光的不足。

目前生产上常用的补光设备有白炽灯、日光灯、高压水银灯、金属卤化物灯、高压钠灯等。除用电灯补光外，在温室的北墙涂白或张挂反光板将光线反射到温室中后部，也可显著提高光照强度，从而改善温室内的光照分布。

遮阳设备分外遮阳和内遮阳两种。基本功能是减弱太阳光的强度和降低温室温度。一般外遮阳的遮阳和降温效果较好，但造价较高且易损耗。相比之下，内遮阳造价较低，使用寿命较长，但降温效果不如外遮阳。由于外遮阳受日晒雨淋易老化，因此宜选用结实耐用的材料。

近年来多采用遮阳网（图5-8）覆盖遮光，它是一种耐热的化纤织物，颜色有黑、黄、绿、银灰、乳白、浅蓝等，使用年限为3~5年，具有轻便、易操作等优点，可依需要覆盖1~3层。

图5-8 遮阳网

遮光设备的主要目的是通过遮光缩短日照时间。最常用的办法是用完全不透光的材料铺设在设施顶部和四周，或覆盖在植物外围搭建的简易棚架四周，为植物临时创造一个完全黑暗的环境。通常采用不透明黑色塑料布或黑色棉布加工的遮光罩。现在也常使用一种一面白色反光、一面为黑色的双层结构的遮光幕。

5. 灌溉系统

灌溉系统是温室生产中的重要设备（图5-9），目前使用的灌溉方式主要有人工浇灌、漫灌、喷灌（移动式和固定式）、滴灌、渗灌等。前两者为较原始的灌溉方式，无法精确控制灌溉的水量，也无法达到均匀灌溉的目的，常造成水肥的浪费。人工灌溉现在多只用于小规模花卉生产。后几种方式多为机械化或自动化灌溉方式，可用于大规模花卉生产，容易实现自动控制灌溉。

图 5-9　灌溉设备

典型的滴灌系统由贮水池(槽)、过滤器、水泵、注肥器、输入管道、滴头和控制器等组成。使用滴灌、渗灌系统时,应注意水的净化,以防滴孔堵塞。

6. 其他设备

除了上述花卉生产设备外,还常常需要配备一些用于检测温室中环境条件的仪器设备,如最高最低温度计、湿度计、pH 值计、EC 计、测光仪等(图 5-10,图 5-11,图 5-12)。

图 5-10 温度计

第五章 观赏竹芋周年生产技术

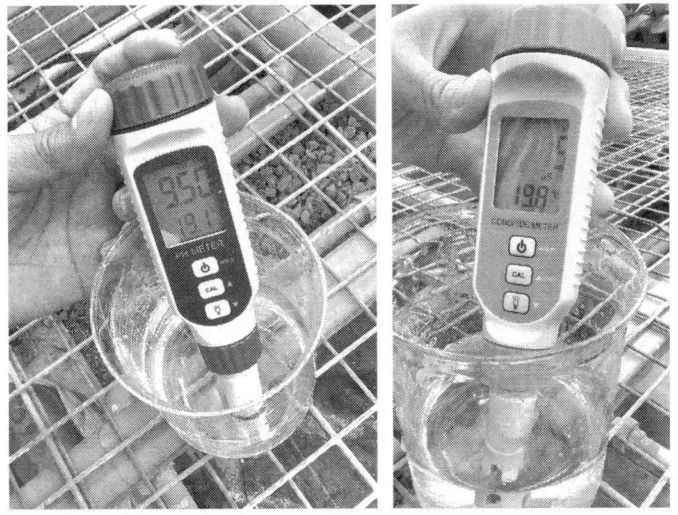

图 5-11　pH 值计和 EC 计

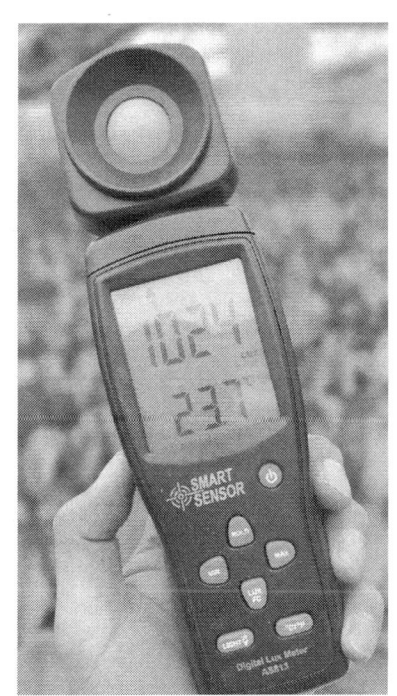

图 5-12　测光仪

第二节　盆栽基质栽培

一、生产计划的制订

生产者在计划进行观赏竹芋的生产时，应该根据设施条件及预定的生产目标来安排至少1年的生产规划。

由于不同品种的生长速度差别较大，在种植时间上也有很大的区别。

生长速度较快的"飞羽""新飞羽""青莲"等品种17~19 cm盆径成品的生长期为6~8个月。

常规生长速度品种，如"玫瑰""紫背""天鹅绒""卧花""双线""金花"，17~19 cm盆径成品的生长期约为10个月。

生长速度较慢的品种，如"青苹果""孔雀""豹纹""孔雀"等，17 cm盆径成品的生长期约为1年半。

"花叶"竹芋和"栀花"竹芋常种植在12~14 cm的盆器中，"栀花"竹芋生长期为5~6个月，"花叶"竹芋则需要7~8个月的生长时间。

二、品种及种苗选购

竹芋生产应选择品质优良、性状稳定的品种。当前国内外栽培最多的观赏竹芋品种有"孔雀""青苹果""天鹅绒""青莲"等。

生产上应用的竹芋种苗有组培苗和分株苗两种。组培苗性状表现整齐、稳定,分株苗大小不整齐。国内外种植多选用组培苗,山东、河南、北京等北方地区习惯上选用进口苗,而福建、广东等南方地区的一些大的企业,因为掌握了比较完善的组培技术,实现了种苗自主生产,并向市场供应,因此南方地区多用国产组培苗。

种苗选购要求生长健壮,性状一致,无检疫对象的合格种苗。

三、基质、容器选择

(一) 基质选择

观赏竹芋为肉质根系,对氧气的需求量较其他花卉多,栽培时选择透气性好、纤维长、保肥保水能力强的基质(图5-13),生产上一般选用培养土或泥炭,不宜选用黏重的园土。培养土的配制方式:腐叶土、泥炭土和粗沙或珍珠岩等按比例混合并加少量基肥混匀[22]。观赏竹芋幼苗期对水的需求量相对较大,选择保水性较好的草炭土,纤维长度为5~20 mm,中大苗需要保水性与透气性相对均衡的草炭土,纤维长度20~40 mm为宜。基质pH值在5.3~6.5之间,不同品种对基质pH值要求略有区别。如"彩虹"竹芋、"美丽"竹芋,喜欢较酸环境,pH值4.8~4.9较适合;"猫眼"竹芋和"青莲"竹芋,喜欢较高的pH值,在5.8~6.0之间。

图5-13 基质

(二)花盆选择

选择透气性好、排水良好、不透光的加仑盆、青山盆(图5-14)。根据目标成品规格,选择不同规格的花盆,一般使用120~190型,生产上观赏竹芋成品苗通常选用150(150 mm×130 mm)型、170(170 mm×150 mm)型两种。

图5-14 花盆选择

观赏竹芋生产中,生长较快(生长周期在1年内)的品种,根据成品苗株型大小,其穴盘苗可直接定植到规格为150型、170型或190型的大盆中,这样不仅节省换盆用工、减少频繁换盆给植物根系造成的伤害,还能向快速生长的根系提供充足养分和空间,有利于根系的伸展、生长。充足的根系促使地上部生长加速,萌蘖相应增多,植株更加匀称。生长期在1年以上的品种如"双线""豹纹"等,由于生长速度较慢,直接用大盆的话,盆内基质中储存的水分相对较多,小苗期蒸发利用水分的速度较慢,盆土长期处于过于湿润的状态,影响根系的正常呼吸,从而容易导致烂根。应先将穴盘苗定植在10~12 cm的小盆中约6个月,等根系在盆中长满后再换到规格为17 cm盆中[23]。

另有些小株型品种如"翠叶"竹芋、"青纹"竹芋等,最大高度为30~40 cm,一般种植在12 cm的盆器中。其他品种如"罗曼"竹芋及"紫背天鹅绒"竹芋,最大高度为50~60 cm,一般种植盆径为15 cm。

四、上盆

上盆前需进行基质配制及消毒。药物消毒在基质配制时进行,均匀喷洒杀菌剂和杀虫剂后覆盖塑料薄膜,闷盖3天、翻晾1天后使用。基质湿度70%~80%。

上盆时,先在盆底填入一半栽培基质,将种苗置于盆中央,扶正后沿四周加基质,使基质和盆沿平齐,用手轻轻按压基质,露出生长点及基部叶片,并使培养土在盆面形成中间高的曲面,以免盆中积水或浇水时盆土从盆面溢出。上盆后,用70%甲基托布津可湿性粉剂1000倍液或50%多菌灵可湿性粉剂1000倍液灌根,适当遮阳。

浇透定植水后,花盆内基质面与种苗基质面相平则为适宜的种植深度。栽植过深不利于萌发侧枝;过浅盆内基质较少,生长到一定阶段会出现东倒西歪的情况[24]。

一般采用"品"字形摆放,保证植株充分受光和株型饱满。

五、苗期管理

(一)环境控制

1. 温度控制

观赏竹芋适宜生长温度为20~24℃,最佳生产温度(最佳投入产出比温度)为22℃。超过35℃或低于15℃,观赏竹芋会停止生长。连续10日10℃以下低温,"天鹅绒""美丽""彩虹""青苹果"等4个品种的叶片边缘会呈现水渍状,之后逐渐变黄变焦,直至整个叶片坏死,严重时地上部分全部死亡。其中"美丽"抗低温能力最差,短时低温(5℃,10 h)叶片就会出现冷害,之后叶片逐渐干枯坏死,失去商品价值。

夏季温室内温度过高时需开启风机-水帘设施进行降温;在光照过强时可启用外遮阳系统,防止叶片灼伤,同时起到降温作用。冬季温度过低时开启加温设施增温,并适当开启保温设备,减少热量的散失,提高室内温度;同时注意风机水帘缝隙密闭保温。

2. 湿度控制

观赏竹芋最适宜空气湿度为60%~80%。

北方地区秋冬季气候干燥,大部分温室内空气湿度为50%左右,不能满足观赏竹芋生长需要,需安装微喷系统,每天依据温室内湿度情况适时喷淋。如无微喷设施,可向地面喷水,达到增大空气湿度的目的。冬季加湿宜选在晴天上午温度较高的时间,切忌下午喷雾,因为此时温度下降较快,叶片水分不能完全蒸发,夜间易受冻害。

3. 光照控制

(1) 光照强度控制

观赏竹芋是喜阴植物,不可阳光直射,在辐射光和散射光下生长良好[27],夏天阳光直射容易引起叶片灼伤(晒斑),适宜光照强度为7 000~10 000 lx。刚上盆一周内控制在4 000~5 000 lx,一周后光照强度提高到6 000 lx,一个月后正常管理。另外注意从冬季到春季的过渡时间,控制光照依次增强,使植株逐渐适应春季的光照。

(2) 光照时间控制

有些观赏竹芋如"金花"竹芋是短日照植物,营养生长大约16周,昼夜平均温度在17~21 ℃,光照时间短于临界时间12 h,就会催生花芽。

温室内光照靠内外遮阳系统控制,一般先展开外遮阳系统,在夏季中午光照很强、外遮阳系统达不到要求时再展开内遮阳系统,可采用遮光度50%和90%双层遮阳网的拉放进行调节。每天定时采用测光仪测量,根据测定数值开关内外遮阳系统调节室内光照强度。环境控制可用智能环境监测系统,实时监测室内的温度、湿度、空气质量等参数,见图5-15。

图 5-15 环境控制

(二) 水肥管理

1. 水质选择

大部分地区的地表水或地下水并不适宜直接用于浇灌观赏竹芋。生产上一般利用现代水处理设备如净化水或反渗透水装置等，把 EC 值控制在 0.4 mS/cm 以下。雨水 EC 值在 0.4 mS/cm 以下，pH 值 6~7，故也可以建设蓄水池存蓄雨水，并利用化学方法对雨水进行杀菌消毒后使用。

2. 肥料选择及施肥方法

观赏竹芋对高浓度肥非常敏感，且需肥量较大，生产中常使用水溶肥。施肥总原则是"薄肥勤施"，尽量避免一次性浓度过大，N、P_2O_5、K_2O 的比例（质量比）为 1∶0.4∶1.8 较适宜。品种不同，观赏竹芋对肥料吸收的最佳 pH 值要求也不一样，如常规品种 5.3~5.5，"美丽"系列 4.8~4.9，盆土中 pH 值 5.2~5.4 为宜。肥料施用合理，则生产出的观赏竹芋叶片肥厚、浓绿，而且光泽度好。

国内多采用浇灌根部的方法施肥，施肥的浓度 EC 值 1.2~1.8 mS/cm，pH 值 4.8~6.2。根据苗龄大小，施肥 EC 值也有差异，一般为小苗EC值1.3 mS/cm左右,中苗EC值1.5 mS/cm左右,大苗EC值1.3 mS/cm左右。夏季每周浇2次肥水,EC值可以适当降低一些;刚上盆的观赏竹芋小苗第一遍肥水EC值1.0 mS/cm即可,随着生长逐渐加大。每2~4周测1次基质的EC值,控制EC值在0.15~0.25 mS/cm之间。如高于此范围,需适当调低下一次肥水的EC值;如EC值高于1.4 mS/cm,可能因为基质含盐量过高造成烧叶现象,需及时清水淋洗进行脱盐处理;如EC值低于参考值范围,需调高下一次的肥水浓度。如果在浇灌中肥水碰触到叶子,需用净水清洗叶子,避免烧叶现象发生而影响观赏价值。

植株小或者紧急情况下可能会用到喷淋给肥方法,建议分3步走:首先,淋水10~15 s,使水填满"管"(指未打开还卷曲的新叶),避免过多肥料进入;其次,用EC值在1.2 mS/cm以下的肥水浇灌;最后,用水再冲淋15~30 s,洗除"管"中肥料。清水淋洗是因为随着管中水分的蒸发,管中养分浓度升高,大于细胞液浓度,形成反渗透现象,造成叶片失水萎蔫。浇水时可拉上遮阳网,避免阳光直射。

3. 浇肥水时机的判断

观赏竹芋浇水原则是干湿交替,避免过干过湿的现象。对于常规品种,可通过观察植物基质颜色来确定浇水时机,基质表面颜色变浅,从侧面看有1/3的深色时开始浇水。如果浇水过勤,植物根部有氧呼吸受阻,易出现根腐或茎腐现象,如"美丽"竹芋、"金花"竹芋、"豹纹"竹芋。如浇水频率过低,植物根部的残留EC值会大幅度增加,会出现根毛烧死等现象,且干透再浇,水分很难进入基质。

浇肥水宜在上午完成,最迟在15:00之前完成,保证夜晚来临之前叶片上的水分完全蒸发,避免出现叶斑。

4. 浇水间隔及浇水量的确定

正常的浇水间隔为5~7天一个周期,根据植物的需水量来决定浇水量。温度、湿度、光照强度、基质情况、植物品种、植物盆径和生长阶段都是决定植物需水量的因素。如:大植株植物>小植株植物;连续晴天的气候>阴晴交替的气候>连续阴天的气候;春秋>夏季>冬季>桑拿天;低湿环境>高湿环境;生长速度快的品种>生长速度慢的品种。

5. 施肥浇水注意事项

①提前计划浇水时间;②浇的过程要减少可能的叶面碰触,减少人为的硬伤;③水管要在盆边低位移动,转圈浇,绕开生长点,避免肥水浇到叶面上,尤其是新"管";④水压不宜过大,小水浇透;⑤根据每盆基质情况,湿的少浇、干的多浇,最终目的是使一批种苗浇灌后干湿度一致。

6. 基质EC值的检测方法

在17:00左右抽取第二天需浇水的植物的基质,一般以1∶5土水体积比测定,具体方法如下。

从分布在温室不同位置的、同批次、同品种竹芋的不同盆中(15~20盆)取约200 mL的接近植株根部的基质,加5倍(1000 mL)的纯净水充分搅匀,静置5 min后,用EC计和pH值计分别测量上清液。测出的EC值在0.15~0.25 mS/cm视为理想值。

(三)花期调控

花期调控是指花卉生产中,为适应市场需要,使用人工方法促进植物开花(催花)或延迟植物开花(抑花)的技术,分为光控、温控和水控三种方法。

有些观叶竹芋如"紫背箭羽"竹芋、"翠叶"竹芋的花不漂亮且浪费养分，降低生长速度，所以对于这些品种需要采取措施抑花；常规赏花品种"金花"竹芋、"紫背天鹅绒"竹芋等出圃前根据需要催花。

生产中，观赏竹芋花期调控一般使用光控、温控两种方法。

1. 光控法

3月22日至9月22日，太阳直射北半球，我国各地昼长夜短，纬度越高日照时间越长，符合长日照品种催花条件，短日照品种自然抑花。9月24日至次年3月20日，太阳直射南半球，我国各地昼短夜长，符合短日照品种催花条件，长日照品种自然抑花。应根据植物品种特性和市场需要进行花期调控。

观赏竹芋属于短日照植物，其花期调控方法如下。

催花：每天连续光照时间严格控制在8～9 h以内，可从16:00到第二天早上8:00，用黑色的棚膜遮盖，使温室内完全黑暗，至少处理6～8周。

抑花：可用150 W补光灯每8 m² 一个，从16:00到22:00点或从22:00到第二天凌晨3:00，中间不能有光照间断。

2. 温控法

24小时平均温度控制在20 ℃以下即可。如白天温度19 ℃，夜间温度宜在19 ℃左右；白天温度20 ℃，夜间温度宜在18 ℃左右；白天温度23 ℃，夜间温度宜在17 ℃左右；白天温度25 ℃，夜间温度宜在16 ℃左右，夜间最低温度不能低于16 ℃。催花期间平均温度如果在19 ℃以下，从开始催花到开花约需22～23周；如果温度控制在19～20 ℃，从催花到开花约需20周。

温室内控制温度成本较高,一般采用控制光照时间来抑制花芽分化。

(四)植株管理

1. 盆间距控制

观赏竹芋在整个生长过程中,需要变换 3~4 次间距。幼苗刚上盆时盆挨盆摆放,有利于创造适宜微环境促进芽的形成。上盆 8~10 周,从植株正上方向下,看不到花盆和基质时拉开盆间距。疏盆可结合换盆进行,原则上以相邻植株之间空间为冠幅的 1/3 至叶子交叉不超过 1/3 为宜;疏盆不宜太晚,防止由于缺少生长空间造成植株稀疏瘦高,影响商品价值。

2. 株型管理

根据植株大小定期调整摆放密度,及时清理病残叶;依据植株的趋光性定期转盆,使株型丰满。

(五)病虫害防治

遵循"勤观察、早发现、早治疗"的原则,主要病虫害及其化学防治方法如下。

1. 虫害

(1)红蜘蛛

红蜘蛛在温室中四季都有可能发生,多发生于高温高光干燥环境,早春发生概率大。红蜘蛛多群居于叶片背面,虫子个体很小,肉眼只看到红色小点,繁殖速度非常快,约 5 天繁殖一代,一旦发现,危害往往已较严重。

红蜘蛛成虫以口器吸食植物汁液,使植物表皮失去活力而成黄褐色和铁锈色,被害叶片的叶绿素受到破坏,造成叶面粗糙斑驳状,这种黄褐色和铁锈色的表皮不可能再恢复成绿色和其他正常颜色,严重时叶背可发现丝网,受害严重的叶片会产生坏死斑块(图5-16)。

图5-16 红蜘蛛危害状

黄昏到天黑这段时间红蜘蛛活动最频繁,此时是最直接、最有效的杀虫时机。化学农药易使害虫产生抗药性,可交替用药或混合施药。喷药时应做到均匀周到,细雾喷洒,重点喷药于叶片背面及主脉两侧。

常用药物:螨危、中保杀螨、联苯肼酯、金满枝、阿维菌素等。

(2)线虫

线虫最早是从南美洲进口植株或从感染病株的分株中携带而来的。它的特点是很难被彻底清除,一旦温室中出现线虫,生产者即使采用多种方法进行灭杀,它们也会反复出现。线虫大部分是无色、小于 1 mm 的,只能通过显微镜观察到。线虫的危害表现在使观赏竹芋品质下降,生长缓慢,生命力变弱甚至死亡。避免线虫最好的方法就是保证进温室的苗源洁净。

(3)蓟马

蓟马是观赏竹芋种植过程中常见的虫害,常出现在"天鹅绒"竹芋、"青苹果"竹芋及"美丽"竹芋上,进入未展开的新叶、叶鞘或卷叶内取食。嫩叶受害后叶片变薄,叶片中叶脉两侧出现灰白色或灰褐色条斑,或见针刺状的小斑点并出现叶片扭曲变形、卷曲,叶鞘不能伸展(图 5-17)。

常规防治用药:吡虫啉 4000 倍液、锐劲特 2000 倍液叶面喷雾。

图 5-17　蓟马危害状

(4)夜蛾幼虫

夜蛾幼虫危害植株时,吐丝粘缀碎叶营造护囊护体。在护囊的保护下,低龄幼虫咬食叶背叶肉,仅留表皮,3龄后则咀至穿孔,造成叶片多洞,严重影响观赏价值(图5-18)。

常规用药:毒死蜱4000倍液、甲维盐2000倍液喷雾。

药剂一般5~7天用1次药,连用3~4次,注意交替用药,以防产生抗药性。

图5-18 夜蛾幼虫危害状

2.病害

相对比较常见的病害类型有以下几种。

(1)白绢病(真菌性病害)

观赏竹芋较常发生白绢病,茎和叶基部接近土壤处初为白色,后变黄,最终变褐、腐烂,长出白色渭状的菌丝体,呈辐射状,在根际土壤中蔓延,引起地上枯萎死亡。7~8月份较为严重,土壤湿度大易发生。

(2)叶斑病(细菌性病害)

叶斑病主要发生在叶片,也可危害叶鞘。发病初期为水浸状的小斑点,然后变为红褐色斑点,病斑周围无晕圈。该病终年可发生,9~10月和翌年3~4月为发病高峰期,可使大量叶片干枯。种植过密、通风不良、阴雨天气易发病。传播途径有两种,一是以菌丝体或分生孢子在土壤中病残体上越冬,成为翌年初侵染源;二是以分生孢子借气流传播,进行再侵染,使病害蔓延。

(3)茎腐病(真菌性病害)

茎腐病多从根茎处侵染,会出现水浸状病斑,褐色至黑色,最终导致茎变软、皱缩、腐烂状。植株表现为不生长,底部叶片发黄垂萎,严重时,叶片迅速变黄。该病随浇水传播,高温高湿易发此病。金花、美丽、青苹果等竹芋易发生此病害。

防治真菌性病害常用的药剂有甲基托布津(硫菌灵)、噁霉灵、烯酰吗啉、精甲霜灵等,以进口药为主,多使用悬浮剂或水剂制品,不产生残留。使用时调节喷嘴出水量,连喷带灌。

防治细菌性病害常用硫酸链霉素等。

如果温室环境控制适宜,适时浇灌,观赏竹芋很少有菌类病害发生。如果发现问题,通常是由腐霉菌或镰孢霉菌引起的,首先考虑改善温室环境控制及灌溉情况,再配合使用上文中的药品很快可以解决。

第三节 竹芋水培栽植技术

随着人们对绿色环保和室内装饰的要求不断提高,水培栽植作为一种新兴的种植方式逐渐受到关注。水培栽植又称无土栽培、营养液培,是将植物根茎固定于容器内,并使根系自然散入营养液中,靠营养液代替基质向植物提供生长因子的栽培方式。相比传统基质栽培,水培栽植具有许多优势,如节水、无基质污染、易于养护等。目前,水培花卉市场已经形成了一定规模,各类水培花卉产品在室内装饰、礼品赠送和园艺观赏等领域具有广阔的市场前景。

一、水培竹芋的品种选择

竹芋的生长发育需要适宜的水分、氧气、养分、光照、温度等条件,作为水培介质的水中含有一定数量的氧气,只要在光照、温度合适的情况下,及时补给植物生长所需要的营养元素,竹芋就可以在水中正常地生长。由于竹芋的生态习性和组织结构的关系,要使水培获得成功且具有较高的观赏性,必须选择株型紧凑能适应水培条件的竹芋品种,如具有通气组织或气生根的竹芋品种,如红玫瑰竹芋、美丽竹芋、青苹果竹芋、垂花竹芋等品种。

水培竹芋在市场上有广泛的应用,不同的品种采用水培种植,具有各自的特点和优势。

图5-19 水培竹芋

二、容器选择

水培竹芋器皿应美观透明，适合观察植物花卉根系生长，不得使用铜、铁等金属容器，以免发生化学反应，从而影响营养液的使用效果。只可使用玻璃、塑料与陶瓷器皿等。

（一）水培盆

水培盆是最常见和基本的水培器具之一。它通常由塑料或玻璃制成，具有一定的容量和深度。水培盆的特点是易于操作和管理，适用于小规模的水培种植。它们通常具有透明的外观，可以从外面观察到植物的根系生长情况。

（二）水培管道

水培管道是一种长型的水培器具，通常由塑料或PVC材料制成。水培管道具有多个种植槽，可以容纳多个植物。它们通常用于大规模的水培种植,例如垂直农场或商业水培设施。水培管道的特点是节省空间、高效利用和集中管理。

(三)水培模块

水培模块是一种模块化的水培器具,由多个单独的种植单元组成。每个种植单元具有自己的水源和养分供应系统。水培模块的特点是灵活性和可扩展性,可以根据需要进行调整和组合。它们通常用于室内或城市农业,可以在有限的空间中进行高密度的水培种植。

(四)垂直农场系统

垂直农场系统是一种立体化的水培器具,通过多层叠加的种植架构实现多层次的水培种植。垂直农场系统的特点是节省空间、高效利用和大规模种植。它们通常用于城市农业和商业农场,可以在有限的土地面积内实现大量的水培种植。

三、营养液的配置

(一)配方

大量元素:硝酸钙0.5 g,硝酸钾0.3 g,磷酸二氢铵0.1 g,硫酸镁0.12 g,螯合铁0.12 g。

微量元素:硼酸2.86 mg,硫酸锰2.13 mg,硫酸锌0.22 mg,钼酸钠0.02 mg,硫酸铜0.6 mg(见图5-20)。

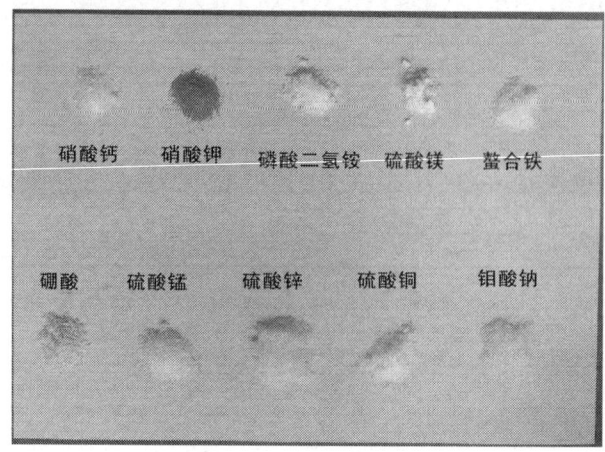

图 5-20　营养液配方

(二) 配制步骤

先用 50 ℃左右的温水,将配方内每种无机盐分别溶于玻璃杯或试管中备用。然后将 750 mg 清水倒入准备贮放营养液的大容器中,并按照配方所列的顺序,将溶解的各种无机盐逐一倒入准备贮放营养液的大容器中,边倒边搅。随后将 1000 mg 清水倒入大容器中并搅拌,即成为可应用的营养液。

(三) 营养液使用要点

营养液不得随意使用或盲目提高浓度,水培竹芋的根系直接又长期浸沉在营养液中,水培营养液的营养元素全部溶于水中,除根系吸收外,多余的不会流失只会积累,当浓度达到一定程度时,就会对根系产生肥害,影响植物生长,甚至导致整株死亡。

(四) 营养液使用不当的危害及应对措施

当营养液使用不当时,易造成危害,其表现为枝叶衰弱,叶片失去光彩,萎蔫,根系腐烂、发臭等,应对措施是:及时将竹芋从营养液中取出,剪除腐烂部分,改用清水培养,每天换 1 次清水。同时检查全株,特别是根系,要及时剪去又一次出现腐烂的部分,直至新根长出后再转入营养液中培养。

(五)营养液的调整

根据不同的竹芋品种和生长阶段,养分浓度和配比需要进行适当调整。

如果水培竹芋缺乏营养元素,不仅会在花卉的生长周期上体现出来,还会在开花、叶片颜色、枝干等方面体现出来。若营养元素严重缺乏,还有可能导致花卉干枯死亡。因此,及时对花卉生长状态和营养液进行分析诊断十分重要[28]。①缺氮:花卉生长速度变慢,甚至停止发育,叶片变黄,逐渐脱落。②缺磷:叶片颜色会变暗,或表面出现灰色、紫色斑块,花卉植株生长发育变得迟缓。③缺钾:双子叶的植物如果缺钾,叶片就会失绿,甚至逐渐出现深色的坏死斑。若单子叶植物缺钾,叶片的顶端和边缘还会逐渐坏死。④缺钙:钙是花芽发育的重要养分来源,如果植株缺钙,会呈现出植株矮小、根尖坏死或叶片变暗、叶片褶皱等现象。⑤缺镁:花卉缺镁的最直观症状就是花期延迟,老叶叶片失绿,叶片上会出现白色浅斑,逐渐变成棕色。⑥缺铁:缺铁的直观症状是叶脉失绿,甚至呈现烧灼状,和缺镁的症状非常相似。一般情况下,嫩叶更容易表现出缺铁的症状。⑦缺氯:叶片萎蔫、坏死,最终,叶片会呈现青铜色。⑧缺硼:植株的茎部和根部会出现部分组织死亡的症状,植株代谢紊乱。

在花卉种植和日常养护中,管理人员需要根据花卉的叶片、茎部和根部等的状态对其生长状态进行判断[29],同时,结合生长发育情况、开花周期等作出科学的诊断,及时查清养分缺乏的情况,并对症下药。

四、装瓶操作

(一)洗根法

将植物洗根后,移植到水培容器中,这种方法适用于竹芋由土培改为水培,具体方法如下(图5-21)。

洗根　　　　　　　修剪

消毒　　　　　　　定植

图 5-21　洗根法

1. 取出根系,用水洗掉根部的泥土,然后将枯根、烂根截断过长的根,修根有助于水栽植株根系的再生[30],促进新根的萌发,促进植株对营养物质的吸收。

2. 修剪完成后,先将植株浸泡在浓度为 0.05%~0.1% 的高锰酸钾溶液中 30 min,然后装入玻璃容器或分别插进定植杯的网孔中,注意尽量使根系疏散,小心不要损伤根系,将用清水培养的植物放置在偏阳处避免阳光直射,若空气干燥,向叶片周围喷雾,保持空气湿润。

3. 注入清水没过根系的 1/2～2/3,让根的上端暴露在空气中,第一周每天换水 1 次[31],高温天气需要每天换水。因为植物的呼吸作用强,消耗水中的氧量多,勤换水可以保证水中的含氧量充足,直至竹芋在水中长出白色的新根后,再慢慢减少换水次数。

当花卉在水中长出新根系,养护 15 天后可改用水培营养液栽培。

(二)切割蘖芽法

剥取植物的蘖芽进行水培栽植,简单,容易成活,不受季节限制。选择蘖芽较大、已成型的植株,去除上部土壤,露出与母株相连的部位,用手或刀将蘖芽剥离母株,用清水洗净根部,用海绵裹住蘖芽的茎基部并固定在容器的上口,调整根尖触及水面,或略微伸至水面以下,5～7 天换水一次,一般 20～25 天后,竹芋的基部能长出新根,继续养护 15～20 天换用水培营养液栽培。

五、水培竹芋的固定

栽植时,如须根茂盛可剪掉二分之一须根,增强对营养物质的吸收,剪根后把花卉根部泡在高锰酸钾溶液内 30 min,然后在网孔中插入根系,用陶粒或者石子固定植株。值得注意的是,器皿中放入彩石虽然会提升美观,但是会影响通气性、影响植物健康生长,要谨慎使用。

六、日常管理

(一)养分供应

定期检测水质和养分浓度,并根据竹芋生长发育情况调整营养液的配比和浓度,确保植物获得均衡的营养供应。

(二)水质管理

水培花卉的成功种植需要清洁的水质。使用过滤器和杀菌剂处理水源,以去除杂质和有害微生物。定期更换水培器具中的水,避免水质变质和积累的养分过多。同时,注意水温的管理,避免过高或过低的水温对花卉生长的不利影响。

(三)光照管理

水培花卉对适宜的光照条件有一定要求。根据花卉品种的光照需求,选择合适的光照强度和光照时间。室内种植时,可以使用人工光源,如 LED 灯,提供足够的光照。定期检查光照设备的运行状况,确保光照质量和稳定性。

(四)病虫害防治

水培花卉也会受到病虫害的侵袭。定期检查花卉的叶片和根系,发现问题及时采取相应的防治措施,可以参考基质栽培病虫害防治方法,使用生物农药或天然杀虫剂来控制,避免使用对植物和环境有害的化学农药。

(五)定期修剪和整理

根据花卉的生长情况,定期修剪和整理植株,促进分枝和侧芽的生长。去除枯萎的叶片和花朵,保持植株的整洁和健康。

第四节 观赏竹芋产品分级及出圃

一、产品质量分级

(一) 分级时间

成品花销售前进行。

(二) 评价原则

按照 GB/T 18247.3 主要花卉产品等级 第 3 部分:盆栽观叶植物的要求执行。具体划分标准见表 5-1。

表 5-1 观赏竹芋盆花产品质量等级

评价项目	质量等级		
	一级	二级	三级
整体效果	植株生长旺盛、处于观赏前期	植株生长正常、处于观赏前期或最佳观赏期	植株生长一般、处于观赏前期或最佳观赏期
	株型端正、丰满,基部叶片完整无缺	株型较丰满,基部叶片完整无缺	有轻微的偏冠或基部叶片部分缺失
	植株大小与容器基本相称、协调	植株大小与容器相称、协调	植株大小与容器不相称

续表 5-1

评价项目	质量等级		
	一级	二级	三级
茎叶状况	茎、叶生长健壮,具光泽,叶片形状、大小、质地、色泽、斑纹等符合其品种特性	茎、叶生长正常,具光泽,叶片形状、大小、质地、色泽、斑纹等符合其品种特性	茎、叶生长较正常或有轻微的徒长或偏小现象,质地较柔软,斑纹较模糊
病虫害情况及其他	无病虫害,叶片无干尖、焦边、折损或机械损伤	无病虫害,叶片无干尖、焦边、折损现象,有轻微的机械损伤	有少量的害虫、不明显的病斑、轻微的干尖、焦边、折损或机械损伤,无检疫对象
栽培基质	必须使用经过消毒的无土基质或水培		

二、包装和运输

在产销过程中,经常需要运输幼苗和盆栽成株。观赏竹芋属于较耐长时间运输的花卉,短途和长途运输耐受能力都很强。在长途运输或储存过程中,盆花植株处于没有光照、相对密闭的空间中,温度变化剧烈、湿度过高或过低、空气流通不良、有害气体产生和积累等不利条件,都在威胁着植株正常的生命活动。装卸搬运及运输过程中的振动和碰撞,也会导致观赏价值降低、品质下降。因此,要求在运输和储存过程中运用各种技术手段,尽量改善光、温、湿、气等条件,为维持观赏竹芋苗或盆花的正常生命活动、保持良好的品质提供保障。

(一)运输中易出现的问题

1. 机械性伤害

搬运和装卸时过于粗放,摆放密度过大,盆器放置不稳,在颠簸振动中植株互相摩擦和挤压,导致叶片、花茎磨损、残破和折断等问题。

2. 生理性损伤

主要表现在卷叶、叶片黄化上,原因是运输过程中温度、水分、光照等环境条件与生长环境差异大造成生理失调。在运输和储存的这一段时间里,盆花植株得不到光照,无法进行正常的光合作用,不能继续制造碳水化合物;而呼吸作用又不断消耗植株体内储存的养分,入不敷出,植株正常生理活动必然受到影响。这种影响是内在的,往往在运输结束一周后才表现出来,症状是卷叶、黄化、脱落,花瓣颜色暗淡或枯萎脱落、极易感病等。

3. 微生物感染

主要是一些品种易出现坏死斑点,原因是机械伤害或者生理损伤降低了植株抵抗不良环境条件的能力,加之不利的运输环境条件,最终导致微生物感染,出现黑褐色小圆斑,严重影响品质[25]。

(二)包装、储藏和运输

为了避免在运输中遇到上述问题,除了生产中培育整齐健壮的产品外,也必须在包装和运输过程中采取措施,运用先进的技术手段,降低不利环境条件的影响,克服机械伤害,达到安全储运的目的。

1. 包装材料

观赏竹芋种苗和盆花的包装材料主要有聚乙烯(PE)包装袋、

纸箱、泡沫箱和网格塑料箱。包装袋呈倒锥形,上口大下口小,周边留有小孔透气,可以保护叶不受损伤,具有一定保湿、保温作用,提高商品质量;同时包装袋也能成为很好的广告,漂亮的塑料袋再加上精美图案可提升产品的档次。纸箱或泡沫箱有保温隔热等特性,适用于长途运输使用,常用纸箱规格为:长×宽×高=80 cm×48 cm×70 cm。网格塑料箱透气透水、结实耐用,用于短途运输及销售,可多次反复使用。

2. 包装与标志

运送穴盘苗,可将穴盘直接平放在铺好塑料膜的扁纸板箱内。运送无基质小苗,可包上保鲜袋,挽口水平放置在纸板箱或泡沫箱中运送。

成品盆栽包装前1~2天停止浇水,水培花卉留1/3营养液,分等级包装,包装时用相应大小的倒锥形包装袋从底部套上(包装袋上端与观赏竹芋高度一致或高于植株顶端8~10 cm),盆挨盆紧密垂直排列在纸箱内,盆花的高度低于纸箱高度2~3 cm,纸箱上面用胶带封好,注明产品名称、等级、数量、包装日期、生产单位。

3. 储藏保鲜

观赏竹芋切花适宜的储运温度为18~23 ℃,相对湿度保持在60%~80%,黑暗储藏期不超过4天。

4. 运输

观赏竹芋叶片较大,易碎裂,因此在长途运输时,要严格保护,防止因损坏而降低观赏价值。

在运输时把观赏竹芋箱分层放置在花卉专用车厢内,不得倒置或挤压。车厢温度控制在18~25 ℃。

如果需要长途运输或短期储藏,应提前浇好水或适量多留营养液,防止失水萎蔫,到货后要将植株摆开,喷一次杀菌药,防止由于伤口出现导致病害发生。并要做好整形工作,恢复植株本来的形状[26]。

第六章 竹芋的家庭种植

第一节 竹芋的选购

一、竹芋的选购技巧

第一,要挑选幼龄、长势茂盛、没有病虫害的苗株。所谓幼龄,是指1~2年生的花苗,应选茎干平滑、枝叶较多者。所谓长势茂盛,就是株丛繁茂、长势旺盛的苗株。所谓无病虫害,就是指枝干及叶片没有病斑、没有虫卵或分泌物,叶色正常,这种幼苗移栽后成活率较高,缓苗也快。

第二,选购时要仔细观察植物生长情况,选择植株形态优美、发育匀称、不偏不斜、叶色自然且有光泽、叶片大小适中且厚实、挺拔向上者。若叶片过大、颜色发黄且薄而软,必是人工催成的,对外界

第六章　竹芋的家庭种植

适应能力较差。如果花盆外侧及盆内土壤上有青苔,盆底孔有根须伸出,叶片呈下垂状,亦是栽培管理不善,不可选。盆土过于新鲜,可能是地上栽培后刚刚挖起上盆的,也不要选。若选应时植物,还应注意,不要选已经完全盛开的,而应选还有不少花蕾、花芽的。如果选购的是裸根苗,就要选择须根较多的。

第三,对于盆栽苗,整个生长季节都可以选购并栽培。但是,对于一些娇贵植物,采购时间还是有讲究的,最好在春末到仲秋之间,并避开酷暑天。不要购买新上盆或上盆不久的植物,新上盆的植物不耐长途运输,经过颠簸后,会因根系受损而导致叶色变黄、枯萎,甚至死亡。在挑选时,可以晃动花盆,若植株根部土壤有松动现象,则说明是新盆。

二、选购注意事项

1.根据个人喜好和家居风格选择合适的竹芋品种及容器。

2.宜选择叶片饱满、翠绿、无病虫害和斑点的植株。

3.观察植株健康状况,是否存在烂根情况,有烂根情况的植株不宜选购。

4.凡枝叶有水浸状的透明块斑出现,即表示为冷藏已久的存货,这种花不仅易凋谢,且花苞不易展开,此种植株不宜选购。

第二节 居家竹芋养护

一、观赏竹芋居家驯化方法

竹芋是一种适合居家驯化的室内植物,对竹芋进行居家驯化有以下几点建议。

1. 选择合适的位置

竹芋喜欢明亮但避免直接暴晒的光照。应将竹芋放置在室内明亮的位置,例如靠近窗户的地方。避免将竹芋暴露在强烈的阳光下,可以使用窗帘或透明的遮阳网调节光照。

2. 提供适宜的温度和湿度

竹芋适宜的生长温度一般为 18~25 ℃,也需要一定的空气湿度,尤其在干燥的冬季或空调房间中。这种情况可以通过使用加湿器、喷雾水或放置水盘等方式增加室内的湿度。

3. 管理浇水

竹芋喜欢湿润环境,但不要过度浇水。观察土壤的湿度,当表面稍干燥时适量浇水。避免花盆底部积水导致根部腐烂。

4. 施肥

在生长季节,可以适度施用室内植物肥料,根据肥料包装上的指示进行施肥。选择富含磷、钾等元素的肥料能促进竹芋的健康生长。

5. 定期修剪和整理

竹芋的叶子会随着时间逐渐老化和枯黄。因此，应定期修剪掉黄叶和病叶，保持植株的整洁和健康。此外，根据需要也可以修剪控制植株的高度和形状。

6. 防虫防病

竹芋相对较为耐病虫害，但仍需留意常见的害虫如蚜虫和螨虫。定期检查植株，并使用适当的室内植物杀虫剂或肥皂水喷雾来控制虫害。

不同品种的竹芋可能具有不同的生长习性和需求，因此要根据具体的品种特点来进行驯化管理。观察植株的生长状态，并根据需要进行相应的调整和护理，以确保竹芋在家中健康茁壮地成长。

二、家庭养护要点

（一）场所的选择

竹芋是一种常见的室内观叶植物，它具有漂亮的叶片和耐阴的特性，非常适合家庭养护。

竹芋适合在明亮但不直接照射阳光的位置生长，避免暴露在强烈阳光下而导致叶片受损。光照不够好，但是还能经常晒到太阳的中光区，比如可以将竹芋放置在靠近窗户的位置，以获得适量的散射光线。

竹芋偏爱温暖的环境，最适宜的生长温度为18~25℃。避免将其暴露在极寒或极热的环境中。

居室内的温度有两个特点：一是室内的昼夜温差小，室内白天较少受阳光直接照射而温度较低，晚上则较室外暖和，因而，昼夜温差较小;二是室内的最高温度主要集中在7、8、9三个月,最低温度出现在12、1、2三个月。因此,在此期间应特别注意室内的温度管理,将植物摆放在温度适宜的地方。在夏季高温季节要加强遮阳措施,多淋水;在冬季要及时入房越冬。

竹芋喜欢通风良好的环境,因此要确保室内有适当的空气流通。避免将竹芋放置在通风不良的区域,如封闭的房间或角落。

(二)水分管理

竹芋养护应保持基质湿润但不过度湿润,不要过度浇水,以免导致根部腐烂。

1.浇水

在浇水前,确保土壤表面已经稍干,用手指轻轻触摸土壤表面,如果感觉湿润,则不需要立即浇水。每次浇水时应保证水分渗透到整个花盆,并留意水流出排水孔,避免让竹芋处于过度浸泡的状态而导致根部腐烂。浇水后,倒掉花盆底部的多余水分,确保不会积水。根据季节和气温变化,调整浇水频率和量。在夏季或高温季节,可根据需要增加浇水次数,而在冬季或低温季节,则需要减少浇水次数,以适应植物较低的生长需求。

2.空气湿度

竹芋喜欢相对较高的湿度。可以通过使用加湿器或者将植物放置在浅盘中加水来增加周围的湿度,也可以通过叶面喷雾来增加湿度,使用喷雾瓶轻轻喷洒水雾,但不要让水积聚在叶子表面太久,以免导致腐烂。另外,避免将竹芋放置在干燥的环境中,如空调或暖气的直接吹风位置。叶片上的灰尘可用湿布轻轻擦拭。

(三)施肥

应定期给竹芋施肥,可使用适合室内植物的液体肥料,按照包装上的说明进行施用。注意因季施肥:冬季气温低,植株生长缓慢,大多数植物处于生长停滞阶段,一般不施肥;春、秋季正值花卉生长期,根、茎、叶增长,需肥量较多,应适当多施追肥;夏季气温高,水分蒸发快,是花卉生长的旺盛期,施追肥浓度要小,次数可多些。

(四)换盆

竹芋的换盆是为了给它提供更适合生长的土壤和更宽敞的生长空间。当竹芋的根系变得过于拥挤时,可以考虑将其转移到较大的花盆中。一般竹芋栽种2~3年后,盆的空间相对不能适应植物的生长需求,应考虑换成大1~2号的盆器。小苗根据生长情况,随时可进行换盆。以下是竹芋的换盆步骤(图6-1)。

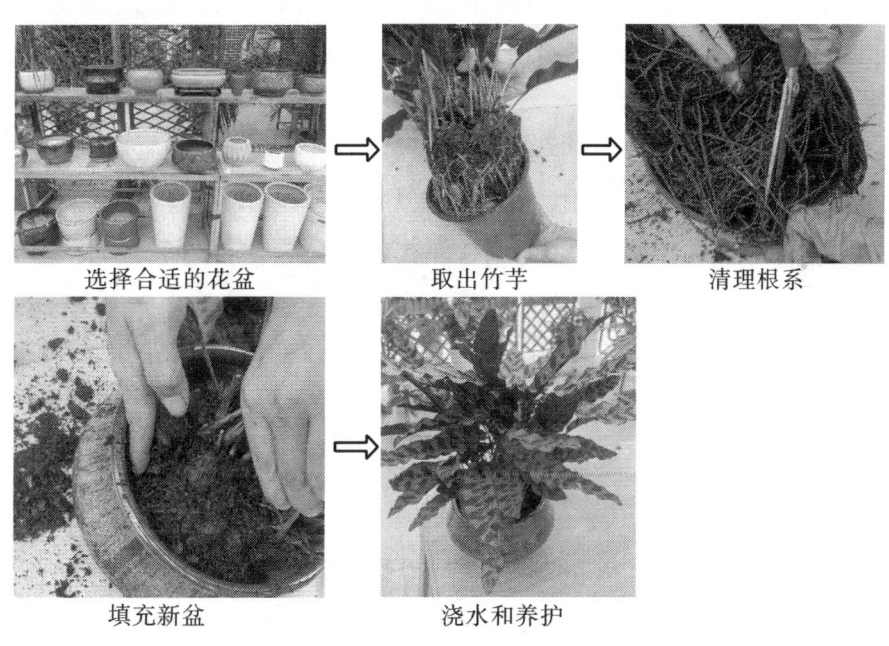

图6-1 换盆过程

1. 选择合适的时间

最佳的换盆时间是在竹芋生长旺盛的季节,通常是春季或夏季。避免在竹芋进入休眠期或冬季进行换盆。

2. 准备新的花盆

选择一个稍大一些的花盆,确保有足够的排水孔,并且与选用的盆土相匹配。新花盆的底部可以放一层小石子或陶粒来促进排水。

3. 轻轻取出竹芋

轻轻倾斜花盆,将竹芋从原来的花盆中取出。可以用手指轻轻松动土壤,以便更容易取出植株。

4. 清理根系

用小刷子或手指轻轻清除花盆中过于密集或缠绕的根系。如果有病叶或病根,应将其修剪掉。

5. 填充新盆

在新的花盆底部放一层排水材料,然后加入新的盆土。将竹芋放入新盆中,并用盆土填充周围,使其保持稳定。

6. 浇水和养护

换盆后,适量浇水以帮助新的盆土与根系接触。避免暴露于强烈的阳光下,给竹芋提供适当的光照和温暖的环境。

在换盆后的几天内,竹芋需要适应新的环境。因此,要减少施肥频率,并保持适度的浇水,以避免过度湿润或过度干燥的问题。观察植株的状态,并根据需要进行适当的调整。一般植物栽种2~3年后,盆已相对不能适应植物的生长需求,应换成大1~2号的盆。换盆通常多在春季植物开始旺盛生长之前进行。小苗根据植株生产的情况,随时都可以换盆。花盆应逐渐增大,不要为了省事将小盆一下子换成很大的盆。

三、开花期管理

竹芋的开花期相对较长,一般可持续几周到几个月不等。以下是关于竹芋开花期管理的建议。

1. 提供适宜的光照

竹芋需要明亮但避免直接暴晒的光照。应将竹芋放置在离窗户较近、可以获得光照但不受强烈阳光直射的位置上。

2. 保持适宜的温度

竹芋适宜的生长温度一般为18~25 ℃。保持稳定的温度可以促进花芽的发育和开放。

3. 适度浇水

在竹芋开花期间,保持适度的土壤湿润,避免过度浇水或干旱。应观察土壤表面的湿度,并在土壤稍干燥时进行适量的浇水。

4. 提供适当的空气湿度

竹芋较喜欢湿润的环境,但也要避免过度湿润。可以通过喷雾或在花盆周围放置水盘来增加空气湿度。

5. 适度施肥

在竹芋开花期间,可以适度增加施肥频率。应选择富含磷、钾等元素的室内植物肥料,遵循肥料包装上的指示进行施肥。

6. 注意花芽保护

竹芋的花芽相对较脆弱,容易受到损伤。应避免过度移动或碰触竹芋植株,并注意保持良好的空气流通,以避免花芽受到压力或缺氧的影响。

需要注意的是,不同品种的竹芋可能具有不同的开花特点和管理需求。因此,在具体管理过程中,可以根据所养的竹芋品种的特点进行适当调整。应及时观察植株的生长状态,并根据需要进行相应的护理措施。

四、修剪

如果竹芋的叶片出现黄化或受损,可以使用干净锋利的剪刀修剪掉。剪枝可以促进植物的生长和美观。

不同的环境和条件可能会影响到植物的生长情况。应定期观察植物并根据需要进行调整,以确保竹芋能够健康茁壮地成长。

第三节　家庭种植竹芋常见问题

一、居家环境中如何确定光照强度是否合适?

竹芋是喜阴花卉,应避免高温时的强光照,一般情况下光照控制在9 000～10 000 lx[6]。居家环境中竹芋光照强度够不够,需观察植物状态。光照不足时,光合作用减弱,直接影响植株的蒸腾作用及物质在植株体内的运输,从而有机物质供应不足,通常表现为:不开花、枝干细弱且徒长、叶子变黄掉落、缩叶(新叶比上叶小)、根系不发达。光照过强时,植物的蒸腾作用加剧,植物不能通过根部吸收足够水分以补充叶片失去的水分,叶片会出现晒焦、卷曲、下垂、脱水、脱落现象。

二、种植过程中出现黄叶怎么办?

竹芋出现黄叶,可能是由以下因素造成。

1. 光照过强

竹芋类植物大都喜欢在半阴的环境中生长,不喜欢太过强烈的光照。长时间承受强光,会导致它的叶子出现灼斑、枯黄。

2. 浇水不当

竹芋的生长需要水分支持。如果长时间浇水不足,土壤中干旱缺水,会引起根系吸水不足,叶子缺少水分,导致老叶自下而上变成黄色,最后脱落。长期浇水过多,则易造成闷根、烂根,同样会引起黄叶。

3. 施肥过量

在生长季适当施肥,可以帮竹芋生长得更好。但如果施肥的频率太高,就会导致肥害,新叶尖出现干棕色,凹凸不伸长,老叶子出现焦黄、脱落的情况。

4. 温度过低

竹芋喜欢温暖的生长环境,冬季时耐不住寒冷,在低温下容易被冻伤,引起叶子发黄。

因而,在竹芋种植时要调整好光照,将其放置于散光半阴区域,避开强光直射;生长期应合理浇水,可选择用人工喷雾方式增加空气湿度,保证水分供给,但是要避免积水;施肥过多时,应停止施肥。

施肥较严重时,要及时脱盆,直接换土洗根,去掉多余肥料;温度过低时,将竹芋移到10℃以上区域,并保持好温度。

三、竹芋能顺利过冬吗?

冬季竹芋比较难养,主要是因为冬季寒冷而干燥的气候。

竹芋是阴生植物,不喜欢强烈的光照。但冬天的紫外线较弱,可以给它直射的阳光。阳光充足,即使温度稍低一点也不容易冻伤;若光照不足,植物的抗寒性会降低,稍微降温就容易死亡。

竹芋喜欢温暖湿润和半阴环境。室内栽培竹芋时空气湿度应保持在70%~80%,以营造一个湿润的小环境;冬季低温时适当控制水分[27]。忌空气干燥、盆土发干,但也忌盆土内积水,否则极易造成植株烂根。

因此,冬季竹芋的养护,重点是要做好保温、保湿,并提供充足的光照,有条件时可施些抗冻肥。

进入冬季后,要将竹芋放置在温暖区域,温度维持在10℃以上;尽量让它接受光线照射,不要将其放在阴冷的地方;要多喷水少浇水,等盆土完全干透变轻再浇,浇水可选择中午温度高的时候进行。经常给它的叶片和周围空气喷水,保持小环境的湿润;除此之外,可以在冬季给竹芋施些磷酸二氢钾来防冻,把磷酸二氢钾按照1∶1000比例兑水。兑水后搅拌均匀,浇灌植物根部即可。1~2周使用1次,2次后即可起到防冻效果。

四、竹芋对水质有什么要求?

灌溉竹芋的水质一定要没有病菌,低电导率,同时钠离子和氯离子的含量要低[32],EC 值低于 0.3 mS/cm、pH 值为 6.0 ~ 6.5、脱盐[3],浇灌水的温度与植物环境温度差不要太大。

雨水和雪水是浇灌竹芋的首选。雨水和雪水是最接近中性的软水,不含矿物质,并且雨水中的空气含量高,有益于花卉的生长。

日常养植竹芋过程中,自来水得来最为方便,但是自来水过滤过程中使用氯气进行杀菌消毒,残留的氯离子对植物会有一定的伤害。如果条件允许,可以将自来水放在敞开的容器里,储存 3 ~ 7 d,降低氯离子含量,避免对植物造成伤害。河水和池塘水大多来自雨水或雪水,如果没有太大的污染,一般水性较温和,可以用来浇灌竹芋,若不够洁净,使用前可加以沉淀过滤。也可用凉开水浇花,水煮沸时,排除了大量的气体分子,改变了水分子的结构顺序,使其与花卉细胞内水分子结构顺序相接近,容易被花卉细胞吸收,使花卉提早开花,并且花色鲜艳。

竹芋在水培养植时,最好每天观察水质的情况,如果发现水质比较浑浊,有大量的沉淀物,应立即更换水质,让竹芋处于干净的环境中生长。

五、竹芋开花了怎么办?

竹芋花期养护时,需要注意保持适宜的湿度、通透的土壤和光照较弱的环境,避免长时间暴露在阳光下。

开花过后,要对花茎进行修剪,直接从植株基部将花茎剪掉,减少养分消耗。而且,还要修剪根系,将一些老根、枯根、烂根都剪掉,这样促进植株吸收到更多的水分、养分,对植株恢复和后期的生长都有利。

在开花过后的养植过程中,要做好施肥、浇水,保持适宜光照。由于竹芋在开花期间消耗的养分比较多,花后须及时施肥补充养分才行。肥料可选稀释后的复合肥液,促使植株快速恢复;开花之后要定期浇水,发现盆土干就补水,最好让其处在微湿状态下。注意控制好水量,水量过大,会阻碍根系呼吸,对生长不利;竹芋有一定的耐阴能力,不耐晒,但是竹芋开花后要适当补充光照,利于植物积攒养分,从而后期能更快恢复生长。

除此之外,家养过程中,可考虑给它换个稍微大些的花盆,让它的生长空间更充足,不至于太拥挤。里面的土壤也要及时换掉,避免后期板结。

六、家里哪些东西可以做肥料,怎么施肥?

竹芋家庭养植过程中,若长期未施肥,导致盆土中的养分不足,会影响竹芋正常的生长和开花。

然而,很多人家里养植竹芋的数量并不多,平时也没有购买肥料的习惯,于是导致植株长不旺,开花也不够多。其实,家里养植竹芋数量较少的话,可以考虑自己制作肥料,满足竹芋生长需要。家里自制肥料,常用的原材料有:果皮、过期牛奶和淘米水、鸡蛋壳、动物骨头、豆渣、菜根、海鲜壳等。

果皮发酵肥料:将吃完的果皮,如香蕉皮、橘子皮、苹果皮等,收集到塑料桶内,掺入一些土搅拌均匀,喷一些水,密封发酵至果皮腐烂、土壤变成黑色时,就成了可以使用的有机肥。需要施肥时,在盆土里掺一些,能让植株生长更旺盛,开花更鲜艳。

过期牛奶和淘米水发酵肥:将过期的牛奶和淘米水倒在一起发酵,发酵好以后,兑上清水,即可拿来浇灌竹芋。经常浇灌这些酸性水,能让竹芋叶子变得浓绿光亮,而且还能改善土壤,有利于生长和开花。

鸡蛋壳做肥料:鸡蛋壳中含有丰富的磷元素、钙元素。冲洗干净蛋壳里面残留的清液,放在太阳底下晒干后,再砸成粉末状,在配制花土的时候,在里面掺入一些鸡蛋壳碎末,可以为植株生长或开花提供所需的营养元素。

动物骨头制肥:磷元素是开花类花卉从分化花芽到孕蕾开花过程中不可缺少的重要元素。平时厨房丢弃的鸡、鸭、鱼、猪等动物骨头,含有丰富的磷元素。收集动物骨头,放在清水里浸泡出骨头里面的盐分,再用高压锅煮烂,然后在太阳下晒干,砸成骨粉。在竹芋开花之前,给它们施上一些这样的骨粉:能促进植株大量开花,也能使花期维持时间更长。

豆渣制肥:黄豆、黑豆等熬制豆浆或者做一些豆制品后,剩下的豆渣含有丰富的蛋白质、钙、磷、铁等元素和碳水化合物。将豆渣直接埋入土中,用土层盖住豆渣,让豆渣在土壤中自然发酵。夏天一般6周就能发酵好,冬天一般需要10周以上。除此之外,可将豆渣放到容器中加水发酵,2份豆渣加1份水占容器的2/3左右为宜。瓶口适当松点,不掉落即可,以便发酵过程中有气体溢出来,从而避免容器爆裂。豆渣也可泡水进行发酵制肥,泡水发酵味道很臭,在开始发酵时放一些橘子皮或苹果皮一起发酵,可以减缓肥水气味。发酵好的豆渣肥可以作基肥或稀释后浇灌使用,不但对观叶、观花植物生长有利,而且对改善土壤结构具有良好的作用。

菜根自制酵素肥:平时做菜剩下的一些菜根,切成小块或剁碎,放在塑料瓶或者玻璃罐子里面(可加入果皮调节气味),加上水,倒入一些红糖,两个月左右就可以兑水100倍稀释之后浇灌植物使用。兑水稀释,可避免肥效太足造成烧根。

海鲜壳沤肥:收集虾壳、蟹壳、扇贝壳等海鲜壳,将盐分淘洗干净,在容器里面一层海鲜壳一层土壤铺好,里面撒上一些橘子皮或者橙子皮去除异味,大概1~2个月之后可以用来养植植物了。

七、买回来的竹芋为什么几天就萎蔫了?

竹芋叶子萎蔫,可能是由以下因素造成:光照太强,灼伤植株;温度过低,冻伤叶片;控水不当,缺水干旱或是积水烂根;移植不当或施肥不当,根部损伤;空气干燥,叶片失水;土壤不适;遭遇病虫害侵袭等。我们要根据实际原因,对症下药,才能作出正确处理。

光照过强:竹芋喜明亮的散射光照射,扛不住太阳暴晒,尤其是在春夏秋三季,光照过强会使竹芋叶片干枯卷曲。因而要将竹芋养在散射光环境,除冬季外,要半阴养植,让它更好地进行光合作用,叶色会更加艳丽。

温度过低:竹芋不耐寒,温度低于10℃会被冻坏,出现叶子干枯卷曲情况。竹芋喜欢温暖的环境,深秋要尽早移入室内,早春要稍晚拿出露养,生长适温是18~25℃。

控水不当:竹芋喜湿润的土壤和湿润的环境,缺水干旱、积水烂根或者是气候干燥都会使叶片干枯发焦。因而,竹芋盆栽土壤干透要及时补水,要干透浇透,不干不浇,生长期应给予较充足的水分,经常保持表面微湿。浇水要规避积水烂根。

移植不当或施肥不当:移植不当,会使竹芋根部受损。施肥过量会造成肥伤,破坏根部组织结构,致使根部不能吸收所需的营养和水分,导致植物萎蔫。因此,移植时要注意根部保护,施肥时要坚持薄肥频施,每月施肥1次即可。控制好浓度,一旦浓度过大可以用大水灌根,稀释肥液。

空气干燥:空气干燥,则竹芋叶片发皱而枯黄。要提高环境湿度达50%以上,要经常给空气和叶片喷雾增湿。

土壤不适:竹芋对土壤的要求高,若是养植期间长时间不换土,土壤板结严重,或者是碱性太重,这样的土壤环境下它的根系不能很好地呼吸,时间久了就容易有叶子下垂的情况。若是土壤不适,一定要尽快换土,保证土壤松软、透气、呈微酸性,最好有一定肥力,这样的土壤环境下竹芋很快就会恢复生长。

遭遇病虫害侵袭:竹芋易受红蜘蛛、介壳虫及叶斑病、褐斑病、黑斑病的危害。当发现红蜘蛛时,虫害初期或盛发时可喷施40%三氯杀螨醇可湿性粉剂1000~1500倍液,或20%三氯杀螨醇乳油500~600倍液进行防治,每周1次,连续3~4次[33]。出现介壳虫时,少量时可人工剥落销毁,大量时应掌握若虫孵化期,可以利用40%氧化乐果1000倍液,或50%的敌敌畏1000倍液对其直接喷施[34]。

另外,当竹芋叶片萎蔫较为严重时,可采取以下补救措施:首先,把根养好。将出现黄叶焦边的竹芋从盆里拿出来,用水清理好根部,剪除老根、枯根。然后将竹芋根部泡入1000倍稀释的多菌灵溶液中,30分钟后,拿到阴凉通风的地方晾干根部。然后,用潮土重新把竹芋上盆。等到竹芋慢慢服盆以后,每周定时给竹芋使用有机营养液,帮助竹芋健壮根系,更好地吸收营养和水分。

八、竹芋买回来后什么时候可以换盆?

竹芋建议在春季的4月或5月换盆,这个时间的温度能够达到20℃左右,对于换盆后处于缓盆期的植株来说非常适宜。在这个温度条件下,能够让植株更快地适应新盆和新土,从而更快地恢复生长。

但是,不少人新买竹芋后,不考虑适宜换盆的时间,会迫不及待地选择更换心仪的花盆,从而提升其观赏性。而且不少人较为担心换盆"动了土",植株不经折腾。因而,植株换盆时,要注意以下技巧:

1. 花盆与盆土准备

盆要选择比之前容器大一些、深一些的,而且透水性一定要好。土壤一般用腐叶土及泥炭土等量混合配置,也可用塘泥、泥炭、珍珠岩以2:3:1的比例混合配置,或用疏松的富含有机质的腐叶土加1/3珍珠岩,再加少量基肥配置而成[35]。切记一定不要选择已经结块的土壤,不然的话会因为水分通透性不好而导致植株的根系吸收不到水分和营养。

2. 植株脱盆

在保证环境温暖的前提下,把植株的花盆横放,轻轻敲打花盆底部,让花盆和花土分离。然后用两指捅入花盆底部的排水孔中,将植株给顶出来,再用另一只手从盆口处取下植株。取植株的时候注意,不要弄散附着在它根系上的土球,因为它们可以帮助保护植株的根系。

3. 根部修剪

将植株脱盆后,还要经过适当的修剪。主要是修剪根部,将烂了的根剪去,将杂乱的根梳理一下,避免无法正常吸收养分,从而影响到竹芋之后的健康生长。注意,修剪的时候要谨慎一些,不要伤及健康的根系。

第六章 竹芋的家庭种植

4. 重新上盆

一般在换盆时只用更换 1/3 或者 1/2 的土壤,保留一部分土壤以免竹芋出现环境不适的情况。将植株放入盆中之后,再将另一部分新土填进去,将土压实。换盆后,及时进行透水的浇灌,保证它有充足的水分补给,然后摆放在半阴的区域养护,使其尽快服盆生长即可。

九、盆器的选择可以直接用大盆吗?

直接大盆养植,即盆大苗子小,栽植过程中,盆中填充很多土壤。室内养护时,浇水多了浇上一次水十天半个月不会干,甚至一个月不会干,容易导致根系出现闷根以及烂根的情况,最终整个植株就会彻底死掉。

家庭栽植过程中温度控制、干湿程度量化等难以实现,施水量不好控制,所以,直接定植在大盆中,在种植过程中往往会出现一次浇水 10 多天不干的现象,尤其是在冬季。这样的现象持续几次,一些比较敏感的品种如美丽竹芋就会出现根部不健康的状态而致死亡。当然,如果温室环境控制得好,植物的干湿交替能够得到保证,大部分竹芋品种可以直接定植在大盆中。

十、真假水培怎么识别?

因水培花卉与基质栽培花卉之间的价格悬殊,致使一些没有生产能力的摊贩,用水生花卉或盆花洗净后直接放进水里,冒充水培花卉,从而扰乱市场。

那么如何分辨真假水培植株呢?

1. 看根系形态辨真假

经诱导的水培花卉,根毛已退化,且大部分为垂直生长的直根,不像大部分在土里生长的植物那样根及根毛成网状分布,有主根、侧根、毛细根、根毛之分,也就是不会以多级分枝的次生根状态存在,即使有分级,也是基于须状不定根的少量分叉根,级数少、根构简单是它最为明显的特征。另外,一些原本胚根植物,经诱导后一级不定根的数量明显增加,也就是根比重大大提高,根系数多而发达,似胡须状。

2. 看根系的色泽辨真假

水生诱导形成的植物水生根大多具有洁白脆嫩之特点,但并不是所有植物的水生根都呈白色。水生根也比陆生根色泽明显偏淡,如黄白色、淡黄色、淡褐色等。这与水生根胞壁组织发达,细胞未发生或少发生胞壁加厚的木栓化、木质化有关。对大部分植物而言,洁白的根系是水生根活力的象征。

3. 从根的完整性辨真假

经水生诱导的根系是从初生不定根开始进行了重新生长与分化,而且这一过程都是在水环境中完成的,因此具有根系的完整性。相比之下,一些土壤栽培的植株,尽管在移植前进行了仔细的冲洗,但总还是存在着轻微的损伤或严重的残根问题。这种根系的完整性是土壤栽培的植株在移植为水培苗时难以完全达到的。

4.从水的清澈度辨真假

土培花卉在洗根后制作为假冒水培花卉时,由于根系未能完全适应水环境,在缺氧的条件下,它们会进行无氧呼吸,并释放出大量的有毒中间代谢产物。这些产物会导致容器中的水迅速变得混浊、发臭,随后根系会开始腐烂,最终可能导致整个植株死亡。

第七章 观赏竹芋的应用

观赏竹芋是竹芋科中观赏价值极高的常绿植物的总称,具有耐荫、喜温暖、湿润的特点,宜偏酸性、保水、透气的腐叶土。竹芋科植物最适宜栽植温度为20~25 ℃,最低越冬温度为10 ℃,个别品种在北方部分地区最低越冬温度能达到5 ℃。叶片形态各异、姿态独特、色彩斑斓,终年生长,观赏周期较长,特别适宜作为室内观叶植物,具有巨大的开发应用价值。除此之外,我国华南地区的观赏竹芋已开始作为地被观赏植物运用在园林植物景观营造中。竹芋科约有30个属400多种,目前市场上筛选出的叶片色彩绚丽或花型独特、有记忆点、适合装饰和园林搭配、观赏性较高的品种有"飞羽"竹芋、"孔雀"竹芋、"天鹅绒"竹芋、"猫眼"竹芋、"双线"竹芋、"青苹果"竹芋、"天使"竹芋、"紫背竹"竹芋、"青莲"竹芋、"七彩"竹芋等(图7-1)。

观赏竹芋的应用主要包括室内绿化装饰与园林景观即室内外空间的绿化布置,具体而言是利用不同品种的竹芋植物,充分尊重植物的生长规律、植物设计的艺术规律,充分发挥植物的功用,合理布局,以达到营造舒适、美观的宜居环境的效果。

第七章 观赏竹芋的应用

"彩虹"竹芋

"青莲"竹芋

"双线"竹芋

"孔雀"竹芋

"青苹果"竹芋

"七彩"竹芋

"飞羽"竹芋

"孔雀"竹芋

图 7-1 常见的观赏竹芋品种

第一节　室内绿化装饰应用

一、室内绿化装饰的功能

作为富有生命力的植物材料,观赏竹芋不仅可以发挥其色彩、形态上的独特观感,让家居环境更富有活力,而且植物本身具有调节温度、湿度和清洁空气的作用,从而舒缓身心,缓解人一些焦虑和烦躁情绪。科学实验表明,绿色在人的视野中若能占25%,则对视神经十分有利,人的精神最为舒适。

(一)优化室内空间结构

现代室内空间多为几何线条,建筑材料由钢筋水泥构筑而成,线条生硬,难免给人一种沉重压抑之感。用绿色植物装饰室内不仅可以使室内立体生硬的线条变得柔和,而且可以运用成排的植物将室内空间分为不同区域,同时又将不同的空间有机地联系起来。此外,室内空间如有难以利用的死角,可以选择适宜的室内观赏植物来填充,起到装饰作用。通过布置大小、高矮不同的植物可以调整空间的比例感,充分提高室内有限的利用率。

(二)丰富涵养精神生活

美化的居室,不仅是环境美,而且是艺术美和意境美。如江南园林中,不仅是立体的画、无声的诗,而且处处都有抒发感情、表达意愿、倾诉理想的意境。绿色装饰居室,在给人以各种美的享受的

第七章　观赏竹芋的应用

同时,还能给人以各种联想,以达到情景情和灵感,焕发青春活力,陶冶情操,为美好的明天去创造、开拓。

(三)改善室内生活环境

室内绿化可以改善房间内的温度、湿度,净化空气。通过对观赏植物进行组合设计、造景造型设计,让室内环境在空间、色彩、形象等方面更加舒适惬意,创造出微型自然景观,以达到总体美观的效果。恰到好处地选择不同色彩的竹芋搭配会和室内地面、墙壁、家具等场景相得益彰,不仅增添室内的绿色生机,调节室内湿度,而且将室内的环境衬托得更加亮丽和谐。

二、室内绿化装饰的配置原则及方法

竹芋作为常见的观叶植物,应用于室内装饰时大部分以盆栽的形式出现,可广泛应用于家庭空间和其他公共空间的绿化装饰。在进行绿化配置装饰时,主要是根据空间大小、建筑风格、色彩的搭配以及植物的生长温度、环境、光照等条件综合设计布局。

(一)室内绿化装饰的基本原则

用植物装饰布置室内,没有固定模式,主要根据空间大小、建筑风格、人们的爱好及利用方式的不同,因地制宜地按照艺术原则进行科学的设计和布局,从而创造出良好的艺术效果。

1. 根据房间的面积和形状布置

不同品种的竹芋,姿态、色彩、高度各不相同,它的选择应与房间和家具的形状、大小相协调。房间较狭窄时,不宜选用高大的竹芋品种如"飞羽"竹芋,多考虑放置一些低矮的品种如"苹果"竹芋、"天鹅绒"竹芋、"猫眼"竹芋等。在布置时,在适当位置放置小型的竹芋盆栽恰当点缀室内空间。当室内比较宽敞时,可以选择点状式放置植株较大的飞羽,弥补空间设计上的空白感,利用植物设置自然功能分区,达到室内空间有序分布的效果。角落布置时植物应放在"最佳视点"上,如餐桌和沙发是人们经常休息的地方,盆花放置时就应考虑这些位置的最佳视点。

2. 根据房间的基本色调布置

装饰布置时应考虑色彩的协调与对比,根据房间的墙壁、天花板、地板以及家具和其他摆设物的色彩来选定植物。当房间色调偏"冷"时,可考虑放些色彩丰富的竹芋种类,如七彩竹芋、孔雀竹芋、天鹅绒竹芋、猫眼竹芋等,以加强房间热烈活泼气氛;房间色调过"暖"时,则可考虑多布置一些色彩淡雅的竹芋品种,如青莲竹芋、青苹果竹芋等,调和暖色调,为居室增加绿意。

3. 根据植物的生长习性布置

观赏竹芋为喜阴植物,适合作为室内观叶植物。在室内弱光条件下生长良好,可以放置在室内的大部分场景,如客厅、朝北阳台、卧室、厨房等。竹芋室内最低越冬温度保持在5 ℃以上,在南方和北方大部分地区,可以保持终年常绿观赏周期很久。竹芋喜欢湿润环境,南方地区大部分都可以满足湿度要求,在北方地区空气比较干燥的冬季可以适当放置加湿器或多喷洒叶片保持植物湿度。

(二)室内绿化装饰方法

室内植物装饰的手法从布局形式上看主要从三方面入手,即点、线、面。点[36]是指用独立或成组的盆栽观赏植物,按点状排布,构成景观点,分布于墙角、窗台、茶几等处,具有较强的装饰性和观赏性。线是指将观赏植物植于花槽或将盆栽植物连续成排摆设,用于划分室内空间,有时也用来强化线条方向并起引导作用。面是指把植物成片种植或将植物作面状排布,以群体美来烘托室内气氛。

根据观赏竹芋的品种及形态特征,竹芋应用在室内装饰时的常见方式有摆放式、组合式、垂悬式、镶嵌式。

1. 摆放式

即直接将竹芋以盆栽的方式摆在室内地面、桌面等处供人观赏。其灵活性强,调整容易,管理方便,是最常用的方法(图7-2)。

图7-2　观赏竹芋的摆放

2. 镶嵌式

在墙壁等合适的位置,镶嵌上不同形状的容器,将竹芋植物与其他植物搭配栽植上去,从而达到装饰的目的。或在墙壁上设计制作不同形状的洞柜,摆放下的耐阴植物,形成生动活泼的效果。这种搭配的特点是不占用室内地面,利用竖向的空间配置植物去装饰室内,适合较狭窄的室内布置[37](图7-3)。

3. 悬垂式

叶蝉竹芋生长形态独特,不同于其他竹芋叶片直立生长,叶蝉竹芋叶子呈爬行式生长。可以利用这一特征,悬吊在光照适宜的阳台、墙上或放置在书架、博古架等空间的上方,如此不仅可以欣赏叶片的绚丽之美,而且可以欣赏植物的独特形态(图7-4)。

图7-3　常见的镶嵌式配置

图7-4　悬垂的"叶蝉"竹芋

三、室内绿化装饰的应用类型

观赏竹芋室内应用的主要形式包括室内花园、容器栽植、花艺应用等。设计时需要根据室内具体环境的特点,如色彩、空间大小、位置等选择合适的品种类型及应用方式。

(一)室内花园

室内园艺造型是综合性室内植物景观,主要应用于开阔的公共空间,如酒店大厅、大型购物中心、车站及机场等[38]。这类空间一般面积较大,且有良好的采光条件,选择植物设计要考虑室内空间、灯光、室内整体色彩搭配等具体情况。在设计室内花卉养植的环境时,可以选择不同品种的竹芋单株、多株点缀,以自然式的不对称、不整齐的摆设形成自然的植物生长群落景观。在面积较大的一些室内大型景观空间中,比如室内植物园、室内园艺展览会等场景,可以利用竹芋的独特色彩点缀在花坛、花台之中,从而达到景观的多层次布置(图7-5)。

图7-5　竹芋的室内造景搭配运用

(二)容器栽植

容器栽植是将观赏竹芋定植于适合的容器中,布置到各种室内空间,以美化装饰环境,包括普通盆栽、组合盆栽等多种形式。竹芋的容器栽植布置灵活、便于管理,是室内观赏植物应用最广泛的形式,尤其适用于小空间及局部空间装饰(图7-6)。

图7-6　竹芋的组合盆栽作品

(三) 花艺应用

观赏竹芋的花艺应用包括将色彩独特的竹芋叶片作为素材,搭配不同的花卉,经过整体设计后布置于室内空间的情形。花艺作品具有极强的艺术感染力和装饰美化效果,广泛应用于各种公共场所及家居场所。观赏竹芋在作为花艺设计的材料时,可以选择色彩绚丽的叶片如彩虹竹芋、孔雀竹芋作为主材料,也可以选择姿态独特的花朵如青莲竹芋、金花竹芋作为花艺设计材料来设计作品。整体而言,花艺设计必须与花卉搭配的整体色彩、室内装饰的风格、陈设相协调。不同作品选择的尺寸、高度、色彩要统一(图7-7、图7-8)。

第七章 观赏竹芋的应用

图 7-7 花艺作品

图 7-8 花艺作品

第二节 园林景观的应用

植物不同于其他园林要素,它与环境息息相关。在园林的植物景观设计中,应该保持植物的自然生命气息,尊重植物的基本生长规律,科学、恰当地配置,设计出符合园林定位、与环境相适应的园林作品。

一、园林景观应用的配置原则

(一)因地制宜,适地选用

在园林设计过程中,应该充分考虑竹芋的生长习性、形态特征、观赏特性,选择相应的植物。竹芋作为草本植物,无法满足以提供绿荫为主的行道树地段,此时就不适宜选择。观赏竹芋属南美洲植物,耐荫,喜欢温暖潮湿的生长环境,喜酸性土壤。在我国,竹芋作为室外园林植物,华南地区比较适合,北方地区应用相对较少。观赏竹芋的耐寒性相对较弱,因此在配置的时候要充分考虑其特殊的生长条件,在栽植的过程中要选择小气候比较好的地区。气候严寒或者干旱地区,不宜栽植竹芋。

(二)与环境协调,符合园林功能要求

观赏竹芋品种的选择与配置,要从园林的主要功能出发,考虑园林的设计目的和功能。在不同的功能空间,栽植的植物不同。结合竹芋自身的生态习性,竹芋耐荫性强,喜酸性土壤,适合栽植在以欣赏植物的花、叶为主的公园、花境、室外园艺造型景观等地段。竹芋栽植在林缘或大草坪上,利用其花叶色彩的变化,让整体图案活泼生动。在空间有限的庭院中,选用低矮、小巧玲珑上午耐半阴的竹芋作地被,可以提升庭院的整体美观度。

(三)色彩对比与季相变化

园林设计是为了美化、改善生活居住的环境,在进行园林造景时要充分利用植物的形态美、色彩美,考虑植物造景的美观效果,注

重植物的季相变化以及与周围色彩的协调和对比,这样才会起到事半功倍的效果。

二、配置设计的方式

竹芋作为草本植物,在园林绿化配置中大部分栽植在庭院布景、公园林荫或者路旁,有以下几种配置方式。

(一)丛植

将两株以上至十余株相同或不相同的植物栽植在一起称丛植,是园林绿化中常用的一种种植类型。竹芋可以在园林景观中以丛植的方式作为绿化背景或者空隙绿化,与乔木、灌木等其他类型植物巧妙搭配,形成错落有致、层次深远的自然美。

(二)片植

是指采用一种植物在较大面积内呈片状栽植的种植形式。大面积成片栽植突出群体的美。

(三)群植

指多株乔木、灌木混合栽植在一起,组成树组,展现植物的群体美。在植物配置时,要注意各种植物的生态习性,喜阳与耐荫、高大与低矮、开花与观叶、常绿与落叶等搭配要协调。

在实际工作中,无论采取何种配置方式,都要遵循植物的生物学特性,这样才能更好地发挥其功能,为园林景观造景发挥更重要的作用。

三、园林景观应用的类型

竹芋叶色丰富多彩,观赏性极强,且多为阴生植物,具有较强的耐阴性,适应性较强。目前,常用于园林的竹芋科花卉有紫背竹芋、天鹅绒竹芋、孔雀竹芋等,种植方法可采用片植、丛植或与其他植物搭配布置。在北方地区,可在观赏温室内栽培用于园林造景观赏。在室外园林景观中的应用主要在以下两个方面。

(一)地被

庭院中的地被层常用草皮覆盖,但由于光线较弱,加之耐荫性不是很好,时间一长就会显现出光秃的地面,不仅不美观,而且还会造成水土流失。竹芋的植株低矮且耐荫性强的特点使其可有效地覆盖地面,并能利用形态、质感、颜色、高矮等特点,配置成各种造型和美丽的图案。主要缺点是观叶植物作为地被不耐践踏,因此应布置于无人踩踏之处(图7-9)。

(二)花坛花境造景

观赏竹芋因其独特的形态、色彩绚丽的叶片,可以成为园林造景的重要点缀。常见的造景形式有花坛装饰、花境营造、道路绿地等。选择植株小、叶片色彩丰富的竹芋在某些区域点缀或营造花境,会使道路绿地、花坛更富色彩。一般情况下,选择用竹芋搭配布置小型景观时,可以采用规则式或者不规则式片植的花坛方式,也可在林缘、路缘、边坡等处营造,形成带状花境。花坛立体美化可以利用竹芋的不同植株尺寸错落配置或采用栽植观赏植物的方式,装饰美化建筑物的立面。(图7-10)

第七章 观赏竹芋的应用

图 7-9　地被植物设计

图 7-10　室外微型花境

主要参考文献

[1] 出身南美的竹芋,却学会了中国的水墨丹青[EB/OL]. https://www.toutiao.com/article/6887740574980375047/?&source=m_redirect,2020-10-26.

[2] 黄威廉. 竹芋科植物族属分类与地理分布[J]. 贵州科学,2020,38(6):1-4.

[3] 沈荔荔. 我国对竹芋的研究进展[J]. 江西农业,2022(18):92-93.

[4] 于宏,郭丽娟,李海峰,等. 不同肥水 EC 值对观赏竹芋生长发育的影响[J]. 安徽农业科学,2021,49(17):4.

[5] 竹芋品种及栽培要点[EB/OL]. https://www.doc88.com/p-9502135228961.html,2015-10-22.

[6] 刘倩倩. 竹芋生产技术及操作规程[J]. 农业科技与信息,2022,(01):60-62+66.

[7] 梁梅华,安家成,黎创基,等. 不同林分郁闭度对竹芋生长和产量的影响[J]. 广西林业科学,2022,51(04):499-502.

[8] 杨丽英,张庆滢,李军,等. 竹芋的生长习性及开发价值[J]. 中国野生植物资源,2006,(03):37-38.

[9] 蔡时可,王继华,何秀古. 我国竹芋的研究与开发现状[J]. 长江蔬菜,2021,(08):38-41.

[10] 马超颖,陈超,石洪凌,等.睡眠运动中女王竹芋叶枕的细胞形态学分析[J].安徽农业科学,2009,37(7):2991-2992.

[11] 赵露露,王云霞,薛琼琼,等.植物感夜运动及其机制的研究进展[J].中国野生植物资源,2020,39(05):49-54.

[12] 陈彦,孙宽莹,张涛.紫薇花柱运动的观察与研究[J].广东农业科学,2012,39(01):51-52+4.DOI:10.16768/j.issn.1004-874x.2012.01.062

[13] 段友爱,李庆军.少花柊叶传粉生物学的研究[J].植物分类学报,2008,(04):545-553.

[14] 欧全明,梁欣.竹芋类观赏植物的栽培管理[J].中国园艺文摘,2010,26(04):104+126.

[15] 段友爱,李庆军.神奇的"扳机"[J].生命世界,2008,(05):18-19.

[16] 曾宋君,余志满.竹芋·蝎尾蕉[M].北京:中国林业出版社,2004.

[17] 唐雪松,杨志娟.花卉植物组织培养试管苗出瓶种植技术[J].四川农业科技,2011,(08):30-31.

[18] 唐玲.青苹果竹芋组培快繁体系建立的探讨[J].中国科技信息,2014,(12):49-50.

[19] 刘丽,陈少萍.紫背竹芋繁殖与病虫害防治[J].中国花卉园艺,2018,(22):42-43.

[20] 张天柱.花卉高效栽培技术[M].北京:中国轻工业出版社,2016.

[21] 潘伟.花卉生产技术[M].北京:航空工业出版社,2013.4

[22] 杜丽,王永强.红背竹芋温室栽培养护方法[J].西南园艺,2005,33(6):54-55.

[23]许传怀.盆栽观赏竹芋配套栽培技术[J].北方园艺,2012(13):99-100.

[24]赵杰,曹卫东.竹芋温室标准化栽培管理技术[J].中国园艺文摘,2014(8):164-165.

[25]李晓明、柯立东.观赏凤梨周年生产技术[M].郑州:中原农民出版社,2018.7.

[26]谭冬梅.仙客来周年生产技术[M].郑州:中原农民出版社,2018.7.

[27]郝爱.盆栽竹芋栽培管理与病虫害防治技术[J].现代农村科技,2023.

[28]姚炳丽.探究园林景观中水培花卉的养护策略[J].建筑工程技术与设计,2014(18):1364.

[29]周娟,毛钟霞,张锦峰.园林景观中水培花卉的养护及管理措施探讨[J].建筑工程技术与设计,2016(34):1504.

[30]原红娟.观叶植物水培试验研究[J].山西农业大学学报(自然科学版),2006,26(4):338-339.

[31]曹春英.花卉栽培[M].北京:中国农业出版社,2003:12-15.

[32]袁秀波.竹芋种植技术及品种介绍[J].中国花卉园艺,2005,15(12).

[33]陈少萍.孔雀竹芋栽培管理[J].中国花卉园艺,2022.

[34]郑萍,徐厚刚,等.竹芋类观赏植物新品种介绍及栽培管理技术[J].广东蚕业,2020,54(2).

[35]李树森.观赏竹芋的栽培及应用[J].特种经济动植物,2011,(9).

[36]郭维明,毛龙生.观赏园艺概论[M].北京:中国农业出版社,2001:178-179.

[37]李景侠,康永祥.观赏植物学[M].北京:中国林业出版社,2005:47-48.

[38]刘敏.观赏植物学[M].北京:中国农业大学出版社,2016:85-86.